室　内　设　计　工　程　档　案

Selected Interior Design Projects

餐饮空间

Restaurant Space

本书编委会　编
主　编：董　君
副主编：贾　刚

中国林业出版社

图书在版编目（CIP）数据

餐饮空间 / 《室内设计工程档案》编写委员会编. -- 北京：中国林业出版社, *2017.6*

（室内设计工程档案）

ISBN 978-7-5038-8979-0

Ⅰ. ①餐… Ⅱ. ①室… Ⅲ. ①饮食业－服务建筑－室内装饰设计－中国－图集 Ⅳ. ①*TU247.3-64*

中国版本图书馆*CIP*数据核字*(2017)*第*087777*号

《室内设计工程档案》编写委员会
主　编：董　君
副主编：贾　刚
丛书策划：金堂奖出版中心
特别鸣谢：《金堂奖》组委会

中国林业出版社 · 建筑分社
策划、责任编辑：纪　亮　王思源
文字编辑：袁绯玭

出版：中国林业出版社　（100009 北京西城区德内大街刘海胡同 7 号）
http://lycb.forestry.gov.cn
电话：（010）8314 3518
发行：中国林业出版社
印刷：北京利丰雅高长城印刷有限公司
版次：2017年6月第1版
印次：2017年6月第1次
开本：170mm × 240mm　1/16
印张：14
字数：150千字
定价：128.00 元

目录

CONTENTE

001/ 梅林阁私厨

项目名称：安徽合肥“梅林阁”私厨
项目地点：安徽省合肥市
项目面积：260平方米
主案设计：许建国

梅林阁餐厅的设计，项目本身比较特殊。主人买来此房希望自己能够在这里接待一些志同道合的朋友，在这里与大家共同吃饭用餐，推杯换盏把酒当歌，喝茶论禅，聊天谈心。希望在这方净土，人的精神世界，可以得到自我净化，在这样的环境影响下，到处都可以找到生活的乐趣，作品要反映设计师超尘脱俗、毫无名利之念的精神世界。正因此，设计师对本案产生极大兴趣。

本案的主人是一位有些情感经历故事的女子，设计师希望在空间氛围的营造上倾向于“说故事”来呈现，充分把她的情感经历融入到餐厅的设计当中。你会注意到，墙面会有设计师为她量身定做的一些照片框，在你用餐的同时可以真切了解到主人的精神世界，还有其对文化和艺术的追求。因此，梅林阁的设计，无论从空间氛围的把控，还是装饰物品的摆放，每一处都在向你诉说“她的故事”、“她的情感”。它更像一首诗，缓缓到来，一句一句，不多不少。此外，空间氛围“看似无形胜有形”，是那样地怡然自得，那样地超凡脱俗，是设计师在徽派风格的另外一种尝试，也是对当下设计中式文化的一种探索。设计师所见所感，非有意寻求，而是不期而遇。

入口的空间设计比较特别，设计师在整个一层设置了一个小型会客厅和入玄关接待。其用意是希望客人忘却寻找梅林阁的路程繁杂，进入此地能寻找一丝清幽。而在二层设置了包厢和卡座，在天台还有一处就餐区；及在三层设置了一个茶房茶室、露天的天井景观水台，从而达到连接通一气的感觉，使人在此空间能达到充分的放松。

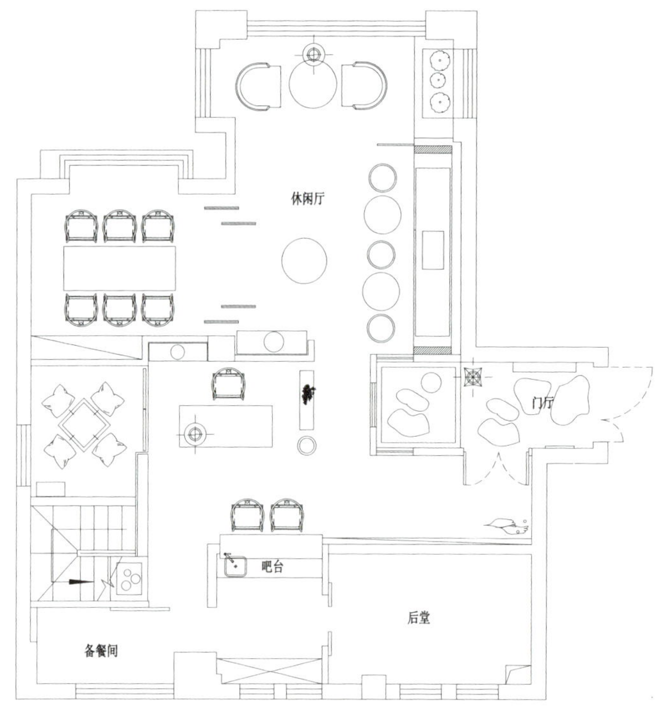

平面布置图

002/ 尘界浮影

项目名称：浙江隆荟
项目地点：浙江省温岭市
项目面积：2500平方米
主案设计：蒋建宇

本项目除了无与伦比的景观环境外，其所拥有的配套功能亦使本会所在同类市场竞争中立于前端。近2500平米的会所中除拥有九间贵宾房外，另有会务、茗茶、展览、沙龙的配套场地。而每个贵宾房，都具有会客区、茶座、阳光房及独立的外部隐私小院。另外如此高端的配套却拥有着一张东方面孔。在纷繁遭杂的社会环境中能有一个心灵放松的地方是不容易的。

本餐厅因地理环境的关系，如何更好地做到内外相通融、如何更好地利用环境是处理空间的重点。这个项目的创新点在于将外环境的整治，作为了室内空间设计的一个重点补充及亮点。而空间参与者的感观是通过内外景观观察点的连接而达到的。

餐厅经过改造使之拥有了会所的气质感。入口悠长的道路，一再以悠美的景观绿化感动着来访者，而四合院状的空间使餐厅拥有一个美妙的水景中庭，也使每个包间都有一个亲近自然的阳光房。

室内多处选用当地传统材料，当地石头砌成的围墙，当地古船木拼成的阳光房天花板，将本土风情与现代美学巧妙融合在一起，营造出浓郁的海洋文化气息。带着这种无限自由的设计精神和充满灵感的生动设计，设计师为大家呈现了一个清幽静谧、精致细腻的静心之所。市场唯一性的定位，在当地无人能比。

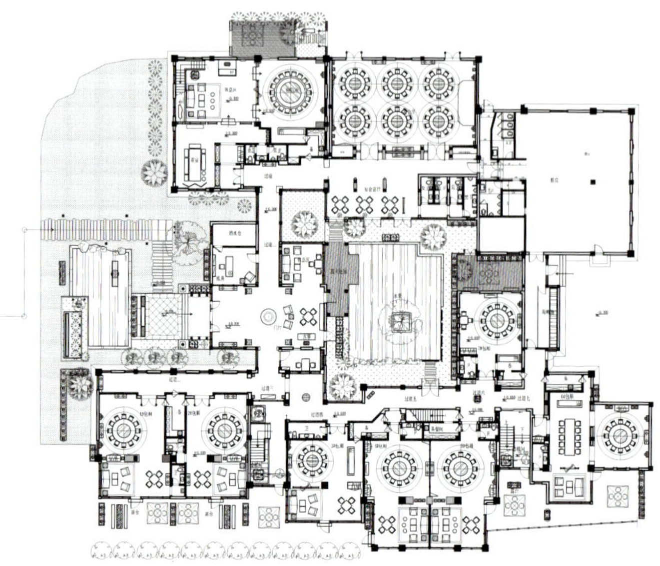

平面布置图

003/ 醉东方

项目名称：唐会
项目地点：福建省福州市
项目面积：800 平方米
主案设计：施旭东

唐会是坐落在福州市的跨界交流会所，由知名设计师施旭东设计策划，旨在为具有不同喜好的人提供一个别具韵味的互动空间。设计师运用大量的中国元素：四合院式的建筑、入口的竹林、墙面的荷花、木桌上的清茶等等，无不让人沉醉在这弄弄的东方情怀里，因此设计师给了他另外一个名字叫“醉东方”。

在唐会的入口区域，略显窄小的门框似乎隐匿在周边的竹林之中，灯光不经意间带上竹林轻摆的声响，搭配上拴马石以及传统的人物雕塑，建筑的诗意便悄然而生。白色的地面则与周遭的古朴斑驳形成视觉的反差，诠释着阴阳协调的理念，并赋予了生活积极的意义和动力。叠石搭成的水幕墙，传递着潺潺的水声。这种人与水的交流互动，洗礼着空间的人文关怀。

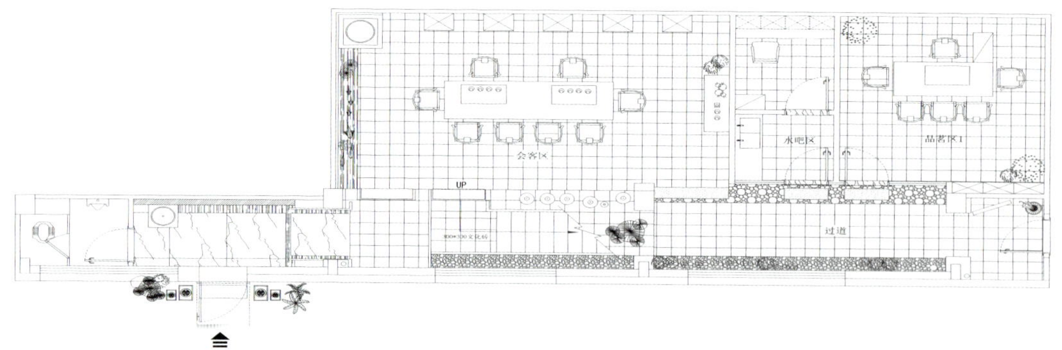

一层平面布置图

004/ 湖景二号

项目名称：顺风123湖景二号
项目地点：四川省成都市
项目面积：1500 平方米
主案设计：刘芮言

本会所定位高端，就餐区域均以包厢的形式呈现，基于此前提，设计师希望能将极具私密性的包厢打造成一处静幽，宛如与世隔绝般的清雅空间。因此，在创作中故意规避太多繁杂的装饰构成与造型，而将更多的心思转移到对细节的处理，引入自然光源，配合典雅、自然的装饰手法将室外与室内完美地结合在一起，整个空间都透露出一种内敛沉稳的人文内涵。

通道处采用了看似无序实而有序的排列方式，不规则地布以透光云石做软性划分，达到具有异曲同工之妙的隔断效果，包房内选取了象征文人气质的中式家私与富有禅意韵味的台灯、尔雅隽永的壁画相互辉映，体现了中国传统文化的精髓，真正实现了人与自然真实和谐的零距离接触。

本案设计师将重点放在实现空间的稳定与有效性，展现温暖洗练的生活态度。以流畅的空间布局和细部摆设，融合“新亚洲主义”的设计理念，为空间注入一种含蓄清雅的气质，让来此就餐的顾客由内而外的体会到一种与喧嚣尘世相隔的清幽脱俗。

005/ 本色大里店

项目名称：客家本色大里店
项目地点：台湾台中市
项目面积：895平方米
主案设计：周易

走过户外粗犷的枕木栈道，单侧有着格栅窗花图腾的长列方形步道灯，以典雅的光影诉说着迎宾的热诚。栈道与主建物间规划水景区，以黑色石材砌成的无边界水池里，点缀着四座巨大黑色陶缸，以及状似漂浮的烛台灯与光束涌泉，水池中央一座强调极简线条美学的清水模结构，让室内外有了适度的衔接与屏障，设计者借由这些源于自然界的木、石、光、水等元素，传递一种人造工艺与自然共生的极致，提炼宁静与安逸的环境和谐之美，让所有到访者都能以最放松的心情入内用餐。

餐厅内部以时尚的黑白对比为主调，但造型语汇上却穿插了许多古老中国的片段，例如漆黑的梯间下缘，一方镜面池子彷如是户外水景的复刻版，池中一棵全白枯枝，既有白山黑水的泼墨意境，更有日式枯山水的耐人寻味，尤其经过设计师一向擅长的灯光烘托，更将生活的无限美好浓缩于眼前的方寸之间。一楼主要为开放的用餐空间，其中一侧运用“有景借景，无景则避”的技巧，将落地窗外优美的竹林景致汲引入内，大大提振食欲和情绪的感染力，不容错过的还有点缀在窗畔白墙与特定包厢内的大幅书法艺术，全是当代知名书法家的作品，其中一幅名为“如易”，很巧合地将设计者与业主名字中共有的“易”字带进来，营造既有象征性又意义深远的客制化艺术。另一侧包含夹层上下均使用大量中式窗花分段界定，全数喷白的线条格外立体，一字排开的气势营造“数大便是美”的震撼力，二楼天花板处还有黑色枯枝，串连空间处处呼应的设计主题。

原菜梯
工作臺
水槽
工作臺
備餐間
員工休息室
陽台
工作臺
女生
男生
花窗屏風
花窗屏風
備餐櫃
備餐櫃
備餐櫃
備餐櫃
備餐櫃
備餐櫃
備餐櫃
DOWN

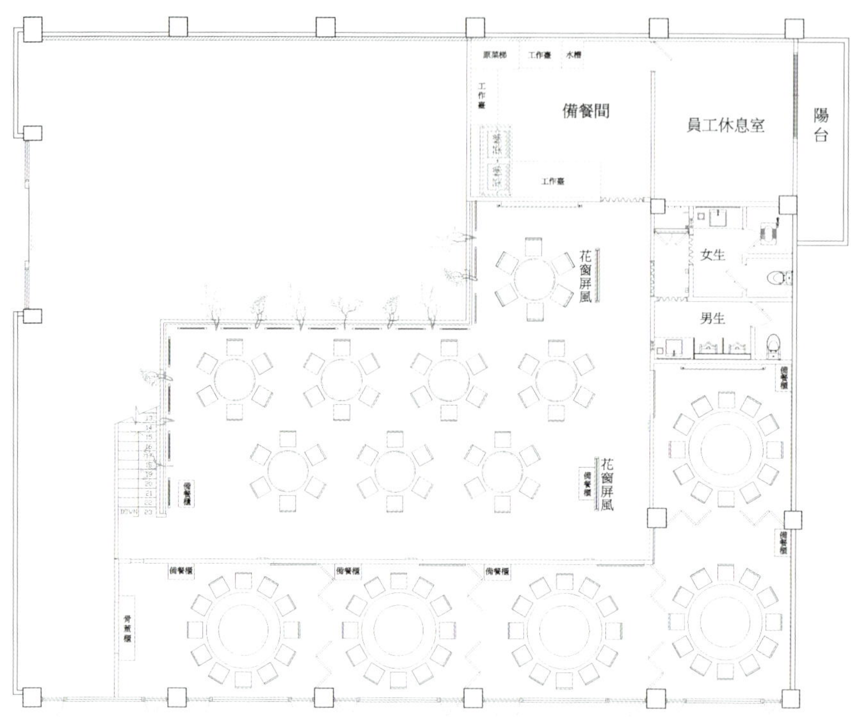

平面布置图

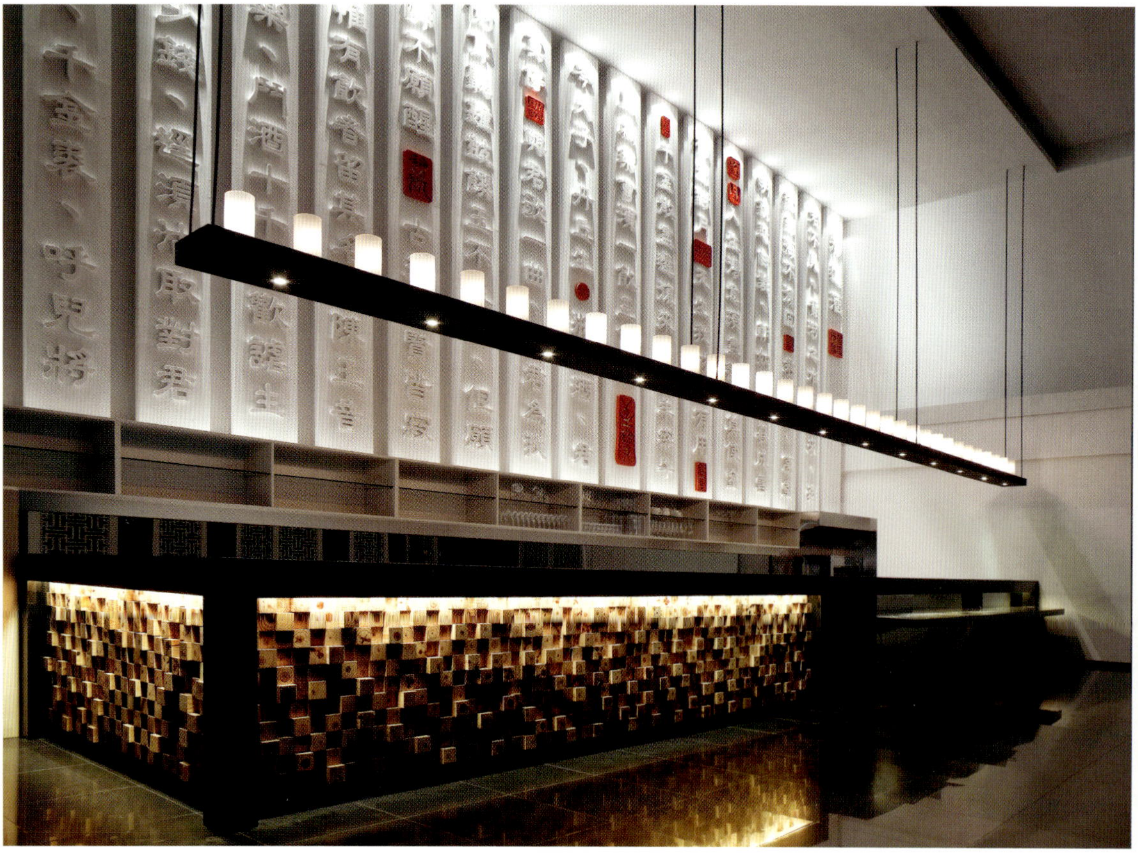

四縣

006/ 浙江荣庄

项目名称：浙江荣庄
项目地点：浙江省台州市
项目面积：6000 平方米
主案设计：蒋建宇

荣庄集餐饮空间和私人会所于一体，前者对外开放，后者则是极私密的非营业空间。项目依原防洪林而建，充分利用原有林木资源来营造良好的城市绿肺，环境轻松优雅。定位是度假式餐饮。在设计上追求景观与室内的完美结合，强调宾客的角色参与。打破室外、室内的心理界线，是本案设计的最佳特色。

建筑的内部空间宽敞通透，整体空间呈现出后工业时代的粗犷厚重。简洁的内环境装饰展示出空间的有机性，让人成为空间的主体，让窗外的美景成为真正的视觉焦点，打破内外空间的阻隔与界线。室内空间由大量的红砖、水泥及未经打磨的土坏墙面组成，大幅的艺术品，粗犷的线条，朴拙的工艺，随处可见的艺术品，让整个空间更像一个艺术工厂。

单体空间亦是如此，近乎素白的装饰，配以藤制的座椅、枯枝插花、琉璃吊灯，简约素雅。因为就餐环境的舒适，贴近大自然的城中绿舟的享受，以致该物业已成为当地一时尚场所。

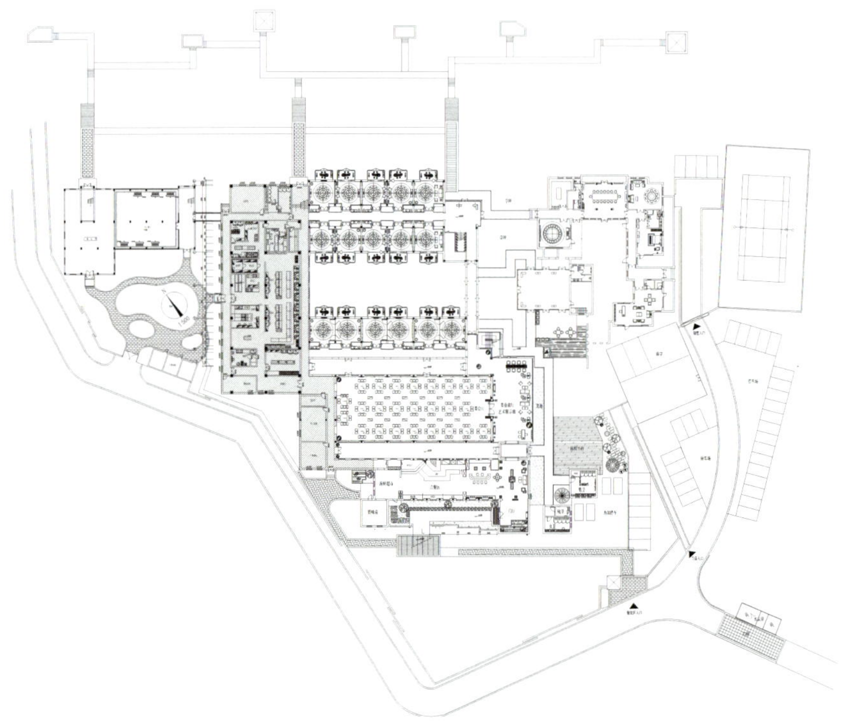

一层平面布置图

007/ 余杭小古城餐饮

项目名称：余杭小古城餐饮
项目地点：浙江省杭州市
项目面积：550 平方米
主案设计：陈元甫

传统的禅、茶文化在现代餐饮中的运用。中国十大禅茶之一的径山茶产自径山镇，据考证是日本茶道的源头，由唐朝来中国的日本僧人传入日本，形成现代日本茶道，所以每年有大量的日本游客来径山镇，寻找日本茶文化的起源。

项目位于杭州余杭径山镇小古城村，餐厅以日式风格为主题结合径山寺的禅茶文化，为客人提供沉静、自然的就餐环境。建筑布局以谷仓为单元的散落式的个体组合，形成自然的部落空间，室内设计在空间营造上强化谷仓概念和灰空间院落的营造，并能与外界的环境如茶园、稻田、竹林形成对话。

室内设计从整体氛围的营造到灯光的配置、家具的选型、布艺的颜色，结合当地的材料，来表现餐饮文化的“禅”与“茶”。选材上以本土材料为主，如竹、藤、瓦、青石，并运用传统工艺进行加工和运用，如夯土围挡的借用。

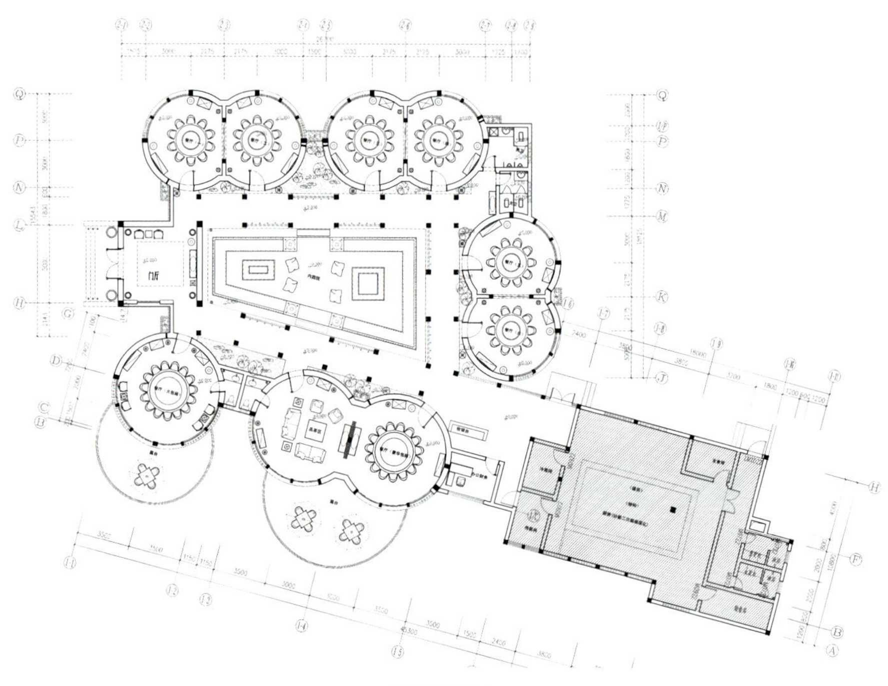

平面布置图

008/ 京兆尹

项目名称：北京京兆尹
项目地点：北京市东城区五道营胡同号
项目面积：2210平方米
主案设计：张永和

民以食为天。京兆尹是中国古代官名，相当于今日首都市长。京兆尹致力于把中西方最好的蔬食烹饪艺术推广开来，餐台上汇集了世界各地原生态植物系食材，由媲美米其林三星级餐厅的国际著名蔬食烹饪大师——慈实诚意料理，对原料甄选严格把关，非严选食材不用、非百分之百新鲜不用、非天然原料不用、非按照*KJ-001*出品标准制作的食品不用，此为京兆尹之膳房“四不用”。

京兆尹总营业面积*2210*平方米，可容纳*240*人同时就餐及举办各类活动。院落环境舒适、风雅，现代科技负离子喷雾迎宾，洗涤一身尘嚣，处于闹市，犹如置身于自然森林中；走进中庭观景院，春揽百花秋邀月、夏沐凉风冬嬉雪；四周金砖铺地、瓦当窗花，人亦融入环境中成为一道风景。宾客在此体验管家式服务、沙龙雅集品茗区、无触碰式卫生间、墙壁上、蚕丝吊灯上在在处处，尽显细节之美，身心也随之轻安。

009/ 蜗牛坊

项目名称：无锡长广溪湿地公园蜗牛坊
项目地点：江苏省无锡市长广溪湿地公园缘溪道6号
项目面积：2400平方米
主案设计：陆嵘、蔡鑫

WALNEW CLUB——无锡首家“都市慢生活”的创意餐厅，将设计的创意、美食的享受与湿地的静谧、写意的自然环境融为一体。臻于细节、卓于内涵，意图为来宾提供一份舒适、自得、理性、温暖的服务空间。室内环境基础色调为中性偏冷，通过艺术装置的鲜丽色彩加以点缀，来打破平稳的节奏，从而提升视觉趣味性。家具灯具的设计均简约富有创意，细节之处的体现来自大自然中的元素撷取。

室内整体造型线条流畅清晰，虚实有序。无论是墙上块面颜色的铺展，还是顶面的条形格栅造型搭接，始终以简练的几何关系诠释主题的定义：细腻、质朴与自然。空间整体色彩以深浅两种灰色为主基调，大面积交织。红褐色黏土砖以醒目的颜色，通过特别的角度设计铺贴在部分空间的主要墙面，砖墙四周用自然锈斑表面的金属折成精致的条框收边。历史悠久的老木头映射出自然醇厚的颜色与古铜色木饰面一并在空间内对话，交替出现，相互衬映。部分区域用大幅镜面单元框以角度错开的方式排列、间隔，点缀其中，折射出不同凡响的奇异空间。

地面的艺术地毯造型更加生动，以渗入湿地植物的造型和色彩元素加以抽象提炼，通过各种编织工艺来表现，使整个装饰色彩基调简约质朴却不失灵动。

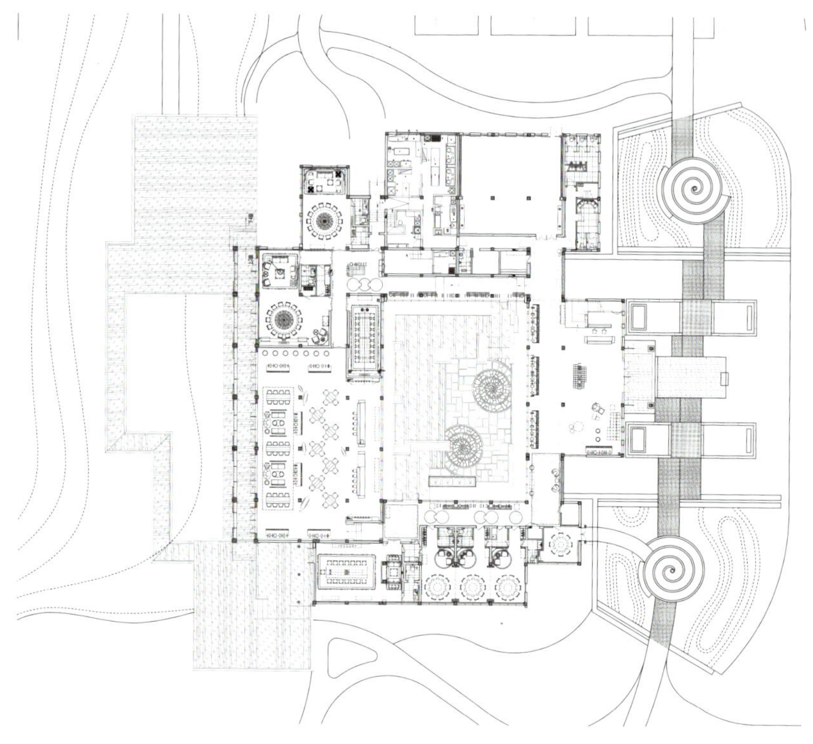

一层平面布置图

010/ 九十海里新派火锅

项目名称：烟台九十海里新派火锅
项目地点：山东省烟台市
项目面积：2200平方米
主案设计：王远超

90海里是一家新派火锅餐厅，浪漫的地中海风与中国传统饮食文化相融合的食尚空间。海蓝色旧木条板、锈铁与白色涂料结合、船桨、浮漂、舵轮、仿真旗鱼、古帆船模型等航海风格配饰，营造了一种蔚蓝色的浪漫。复古栀灯、旧木吊灯的应用令人遐想。

餐厅入口处船型服务台与古造船图背景墙相映成趣。一层“东经区”，感受漂浮在岛上的风情与浪漫，放眼窗外，翻滚的波涛，翱翔的海鸥尽收眼底。一层“北纬区”可以欣赏璀璨的星空，繁星的点缀使就餐环境更贴近自然。二层包房以岛命名，岛名印在仿古书封面挂于包房厚重的木门上。神秘的航海图，经典老海报的点缀使餐厅处处散发着悠闲浪漫的情怀。三层的“夏威夷群岛”，几艘木船隔出了宽敞而又相对独立的餐位，让孩子有足够的空间在身边玩耍，厚重的木梁结构充满原始的粗犷美。凭窗望去，依旧是那片海，只因所处环境不同，感受才不同。

东经41°

4500
950
2277
950
等候区10M²
上坡道
订餐收银
库房9M²
酒水展示
服务工作台
调料自选台
1/F八角厅(60餐位)144M
特色物艺术品
(18M²)男
女(18M²)
备餐间21M²
功能由使用方布置
烧烤房10M²
1/F南厅(38餐位)

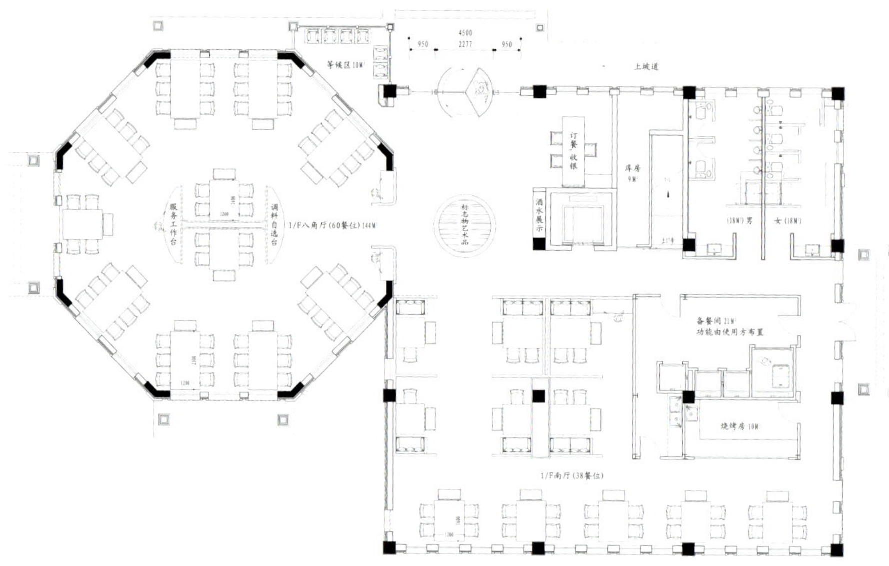

一层平面布置图

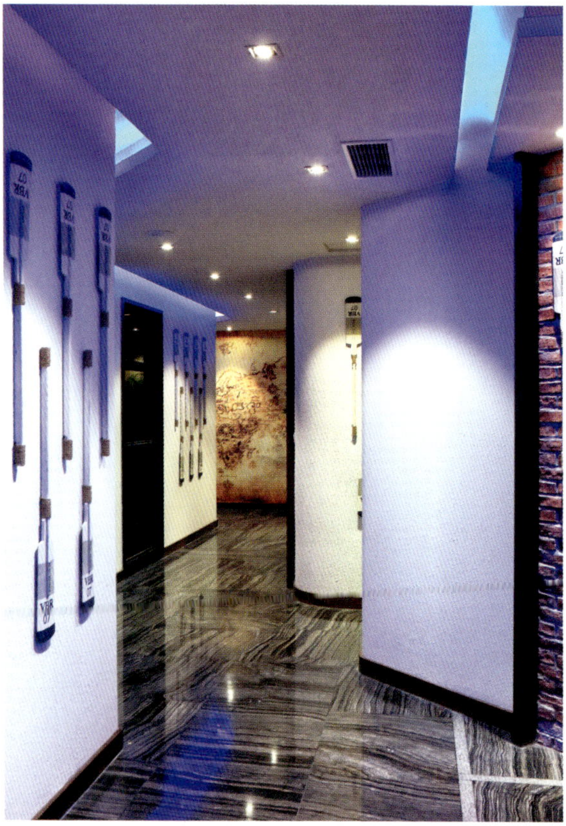

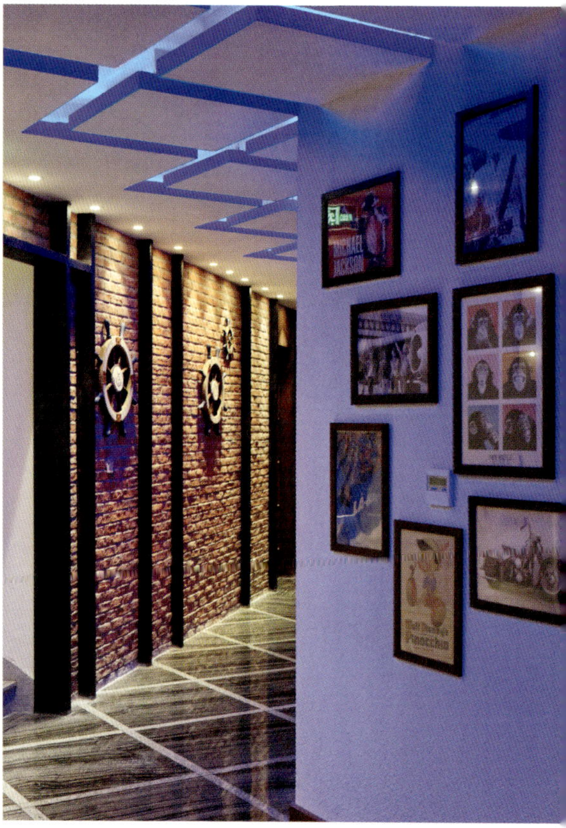

普吉島

011/ 茶马天堂

项目名称：THAI CUISINE 茶马天堂
项目地点：江苏省苏州园区万科美好广场
项目面积：800平方米
主案设计：朱伟

“泰”餐厅不仅仅是一个空间的设计，身临其境，你感受到的是其中蕴含着的泰式文化，感受到的是一种古老国度的神秘和魅力，使你禁不住去细细品味它的“源”之所在，情之所系。该设计的细节中处处体现泰式风格的特点，原木、竹、藤制品等原生态的室内材料的合理运用，让就餐的环境回归自然与朴实，就像在这里所有的菜肴食料都是代表泰国独特的。

餐厅内部合理的流线式布局，有针对性地结合建筑的形式，以顶面飞扬的光线来引导，虚实之间，赋予餐厅空间灵动与张力。材质上大部分运用实木，通过自然的木纹纹理，增添了室内的亲和力。在细节上运用泰国特色芭蕉叶纹雕花隔断，通过对空间不同层次的分隔，彰显出泰国地域文化的特色。

餐厅内部墙面与地面通过水纹的素水泥质感来表达空间的基调，淡雅柔和的原木色与局部点缀的蓝色与绿色等，成为空间的主角，当在享受美食时，优雅的音乐在耳边回响，仿佛可以亲临泰国苏梅岛的气息，这里有蓝色的海面，自然朴实的木屋，还有许多个甜蜜的回忆。

灯光在环境中不仅发挥照明的作用，还烘托出周围的气氛和遐想的意境。光照的功能要求首先反映在照度上，不同的区域需要不同的照度，“泰”的设计以多种铜制灯具来营造，特别是这款汤姆迪克森的灯具，以暖色调光源为主，通过光源与周围造型的折射与反射，营造出更加温馨、舒适的用餐环境。

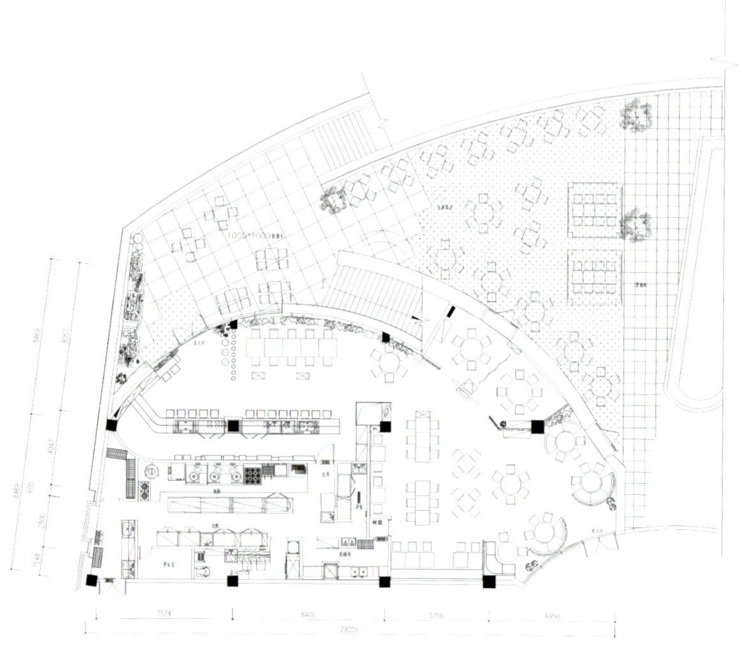

一层平面布置图

012/ 同楽

项目名称：同楽
项目地点：江苏省镇江市
项目面积：170平方米
主案设计：胥洋

该空间营造了一种既休闲又耐人寻味的气氛，保留住原来老宅子过高的顶，未去过分地修饰它，反而利用它原有的优势更好地帮助了这个空间的造诣。西津渡是条老街，为了回应整个老街营造出一种文化的感觉，在设计上保留了宅子里原有的四个柱子和一面青砖墙，让房屋的某些地方回归到最原始的状态去融合整个空间。让北欧里掺杂着不同的文化元素部分。

宅子里空间之间贯穿的深远层次，是打破了原先一间一间封闭的结构，加之后面的天井也是，这些都是老宅子固有的，为了让房子的空间更大，显得整个区域感觉是一体的，还要做到满足每个区域的功能性，这里的布局采用了避重避轻，用建筑的手法来演绎了室内。设计营造出了一种文化的气氛，看似是一种形式为一种神式服务，其实是做到了神形兼备。

该项目用了保留的青砖、购买了些旧木杉和大量的白乳胶材料，在空间里不同地变化着，利用了三种元素做成了一种特殊的氛围，加之特意选用了精致度的现代感家具来烘托整个餐厅的品位和品质，在气氛营造上又有了一个让人对家的向往主题。

17230
1800
1600
1800
10250
10350
4993
1800
979
1908
1800
979
3280

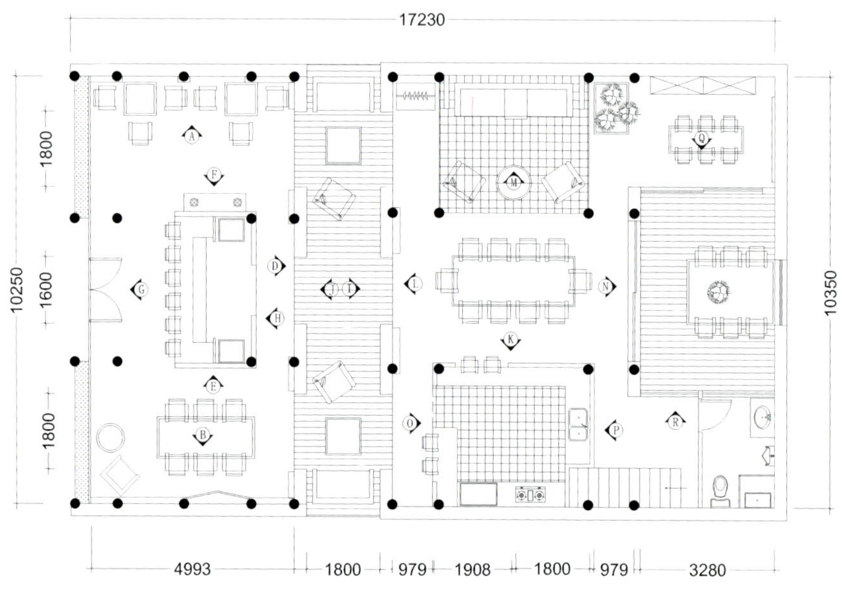

平面布置图

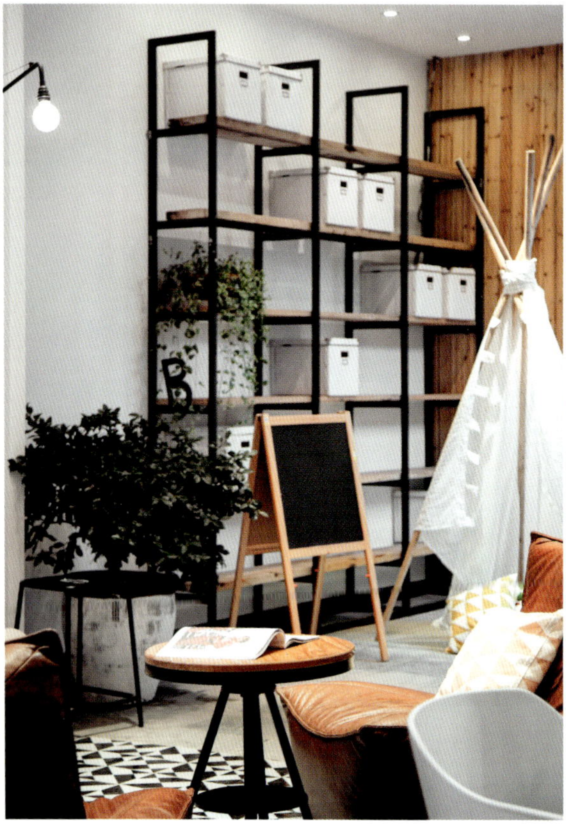

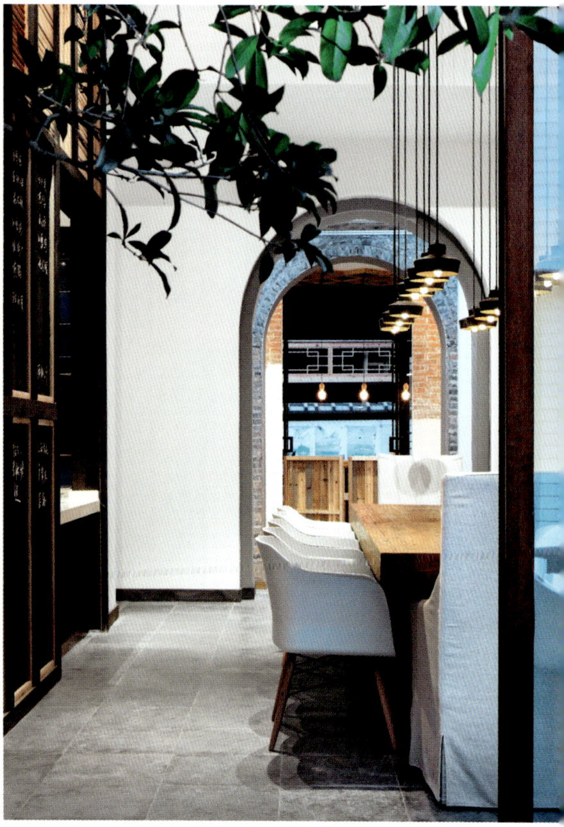

013/ 露会所

项目名称：露会所
项目地点：江苏省南京市
项目面积：780平方米
主案设计：潘冉

创造一个满足多重营业功能叠加要求的复合型空间，为宾客提供高质量服务的会所类体验。在并不充裕的建筑本体内，最大效率地挖掘空间的可能性，同时兼顾到空间创作的艺术美感。一层卡座区域临窗而设，可以直接观赏到院落景观以及一街之隔的明城墙。

一层功能区域以及流线走向清晰明朗，吧台区位于左侧最显眼的位置，散座区环绕吧台布置，在相对开阔的中心位置是供多人使用的拼接长桌。穿过那片“雨后森林”为主题的楼梯通过空间来到二层，红酒包厢和中餐包厢设立于此。

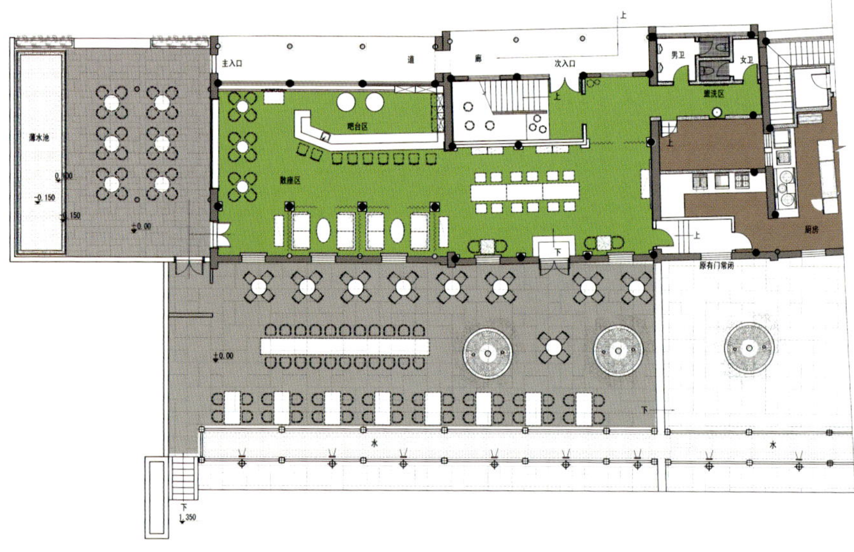

平面布置图

014/ *Yucca*

项目名称：Yucca
项目地点：上海市卢湾区思南路
项目面积：150平方米
主案设计：Thomas Dariel

*Yucca*的设计旨在打造亲密的气氛，*Yucca*创造了另人愉悦兴奋的社交氛围。两位设计师希望打造一个能激发灵感的场所，在这里，想像力可以自由驰骋，朋友们也可以互相寻找灵感。

Yucca 是一家时髦的以现代摩登氛围和抓人眼球的设计装修为特色的墨西哥餐厅。“墨西哥”这个词和餐厅、酒吧联系起来总会让人想到一系列固定的套路：仙人掌、宽檐帽、插袋手枪、子弹带、暴露出人造砖块的裂开的灰泥墙或者为了所谓的“上档次”而可以放置的 *Frida Kahlo*肖像画。两位设计师——*Thomas Dariel & Benoit Arfeuillere*——*Yucca*背后的创意者不想要其中的任何一个概念。区别于一般的老套，*Yucca*向拉美和伊比利亚半岛丰富的视觉文化致敬。

时髦拉丁风，*Yucca*时髦华丽的室内设计以丰富的有冲击力的色彩搭配为特色。墙面用生动的蓝色和粉红粉刷，地板使用了随机铺设的蓝白相间的几何图案的马赛克。一副蓝色背景的女人照片从入口一直延伸到酒吧顶层，旋转楼梯引向顶楼私密空间，在这里你可以俯瞰整个酒吧，感受热烈的气氛。

*Yucca*图案和颜色都是从墨西哥土著风中提取的精粹。材料有定制的景德镇青花瓷釉面砖、法国直纹白大理石、黑檀木皮等等。

015/ 融会会所

项目名称：融会会所
项目地点：江苏省无锡市西水东商业街177-26
项目面积：1440 平方米
主案设计：冯嘉云

斑驳、古意、婆娑肌理的空间质感，带有鲜明、厚重的历史记忆，与曾经辉煌彪炳的“中国近现代工商业”、“民国”语境，在气质上吻合。塑造故事性，成为设计初衷，同时，知性、格调感的空间，亦建立在与高端目标客群心理机制相对应的预期。会所业态，注定是一小族群身心归所，是城市新贵“后奢侈、慢生活”专属现场。为此，在色彩基调上，采用国际化手法表现的灰调，在浑然整体、沉稳大气中暗示着对贵族精神的关照。黑的皮革、灰蓝的墙纸、布艺，灰色水纹的石材，到瑰丽大方的木纹、驼色的地毯、褐色的椅背、桌套及深黄的牛皮，演绎着由冷调到暖调的自然过渡与紧密的色彩逻辑，并由丰富的材质对比、纹饰变化形成了生动的空间张力，内敛中流溢悦动。

016/ 上海采蝶轩

项目名称：上海采蝶轩
项目地点：上海市卢湾区新天地
项目面积：600平方米
主案设计：孙黎明

项目地处上海石库门新天地中心，在这里，海派文化与现代商业得到了创造性融合，亦使其成为国内现代商业业态的典范。整个街区背景与业态气质，给采蝶轩的室内外空间设计提供了母土与创作依据——中西文化的结合与重构，即本土文化的国际化表达。

从外立面伊始，简约、隽永的空间气质即贯彻到底，力图让“寸土寸金”的每一寸空间，都能达到恰到好处的表情传达。金属、玻璃、天然石材深挚沉着，营造出不动声色的品质感。深色的家具与深色的屋顶形成顾盼，天蓝与浅绿提亮了空间，又与暖色的灯光、橘红主题背景形成对比，均产生了生动的情绪跳跃。整体空间架构并不复杂，空间的丰富性关联性由“上海记忆”的艺术品、现代简约的家具、陈设完成演绎；而主题部分，则由黑白勾线的蝶舞画幅和公共空间荧悬的“蝶影”演绎出来——一个架构在现代空间里的“庄生梦蝶”的中式体验油然而生。

017/ 轻井泽锅物

项目名称：轻井泽锅物——台南店
项目地点：台湾台南市
项目面积：1496平方米
主案设计：周易

本案的顶部拉出水平线条的金属轮廓，让建筑自然涌现安定与稳重，右侧墙面嵌上书法名家的巨大白色“轻井泽”铁壳字，相当具有辨识度。外廓中央像是不规则切开的几何门面，因为上半部多达上千枝缜密排列的悬空竹林阵列，数大便是美，加上隐约于竹间投射而下的光束，让刻意内退原店面8米纵深，营造户外骑楼效果的廊下格外显得内敛幽深，设计师并贴着建筑物边界植上一排色鲜青翠的黄金串钱柳，夜里在地灯烘托下，既能掩映外部视线，也是室内借景的前置端点。

从正面驻车处踏上三阶高度，导入舞台登高的隆重感，无论白天黑夜，如此壮盛的悬空竹林阵列，都是引人仰望的目光焦点，来客一踏上廊下的灰阶地坪，两侧即是一大一小、各拥奇趣的禅意水景，左边主水景宛如托高长盘，盘上点缀三方景石，颇有怀石料理摆盘的意境，盘面潺潺流动的水幕佐以唯美灯光，峥嵘奇石彷佛漂浮其上，右翼副水景则以朴拙瘤木为主角，氤氲的景致刚好是柜台区向外望的回馈。

入口右侧的柜台区简洁而雅致，柜台立面以白水泥加稻草衬底，搭配格栅线条、上投射光，演绎日式古民宅般古老而悠远的氛围，相同的手法也应用在部分卡座的墙面背景。主要用餐空间都集中在一楼，大致呈回字形环抱中央的灯光前景，半空中由竹子排列而成的围篱，对应下方两座景石和枯山水，后段的卡座比邻大面玻璃窗，窗外与邻栋建筑间植满生气盎然的翠竹林，从绿油油的后景竹林、中景的土俵枯山水到前端的水景、植栽，环环相扣的景链大大提升了“食”的机趣与深度。

018/ 美泰泰国餐厅

项目名称：宁波美泰泰国餐厅
项目地点：浙江省宁波市
项目面积：300平方米
主案设计：朱晓鸣

随着近几年国内不断涌现不同国域、地域的风情餐厅。泰国餐厅也越来越受国人喜爱，就此案来讲场所位于商场三层，面积并不大，外优势并不明显，而打造空间的内优势，借以独特的自我特征识别，达到良好的传播是我们设计中考虑的重点。

在设计风格的导入中，考虑其建筑的层高，及结合来访者的年龄层特质，并未一味地将泰式暹罗建筑特质的灿烂辉煌、塔尖翘角等较为异域华丽的元素强加运用。

本案在区域划分中反常规地将餐厅入口移置到人流交通的最远端，使来访者在迂回的踱步中对整个用餐氛围有所感知，刻意使客户在餐厅门口廊道中有所积流而不是快速分流，进入等待区后，再通过双通道分流。用餐区根据人群结构不同割划了对坐区、卡区、散座区、包厢区等。条卡区可酌用餐人数快速拼接来改变其接纳量。而泰式礼品区、水吧区、收银区等整合式“中岛”设计，即减低工作人员的数量，又在视觉交叉点上有极佳全景视线，增加了服务的快速便捷性。包厢外走廊的过渡空间划分，使其区域有着远离大厅用餐区视觉错觉感，更加静谧、独立。

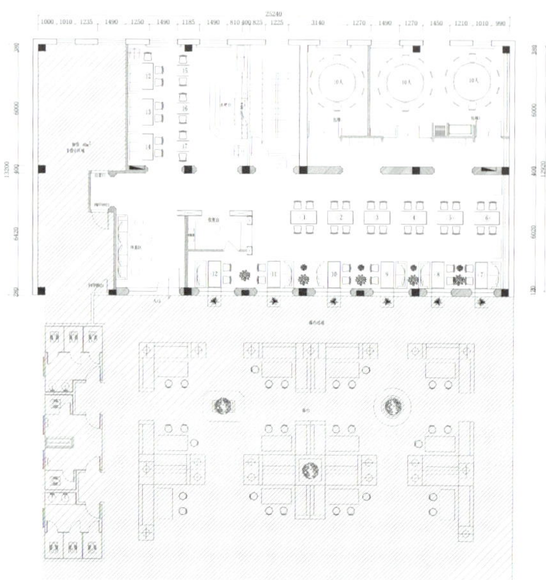

平面布置图

019/ 淮上豆府酒楼

项目名称：淮上豆府酒楼
项目地点：安徽省淮南市
项目面积：3229平方米
主案设计：张承宏

本案是对既有建筑的改造，90年代大楼的马赛克，本身就带有浓郁的时代特点。承宏设计团队决定用同样原生态且更加古老和“简陋”的黑瓦、土胚墙、青砖，对建筑外立面进行新的解构。最洋派的城市人，上溯三代，八成都是农村出身。这些元素构建的画面，恍如穿越，不张扬，却更有动人心扉的效果。设计主创张承宏在方案中所大量使用的瓦片、土胚墙砖、青砖、老木头、竹席，都是在当地收集到的旧建筑“破烂”。本来是出于节省的巧思，但在捡拾来这些“破烂”并重新构思混搭的过程中，我们自身也若有所悟。

复古是永远的时尚，因为我们始终以时尚的语言去诠释和阐发传统。徽派建筑尤为注重设计和装饰元素的寓意，本案也不例外。例如用酒店门脸的色彩基调只用了青白两色，蕴含着“青菜豆腐保平安”的祈福。而几何构图的门廊屋顶轮廓，则采撷自“安”字的“宀”，结合下方的女性装饰图案，表达了对平安幸福的诉求。

本案的内装饰，也沿袭了建筑改造的整体设计风格。天花满铺竹席，设计灵感来源于竹毛刷的灯饰装置。石磨、土缸、土盆、土缸、土布篓、平子格——所有这些设计语言，营造的氛围都是古拙的、简单的、乡土的幸福味道。

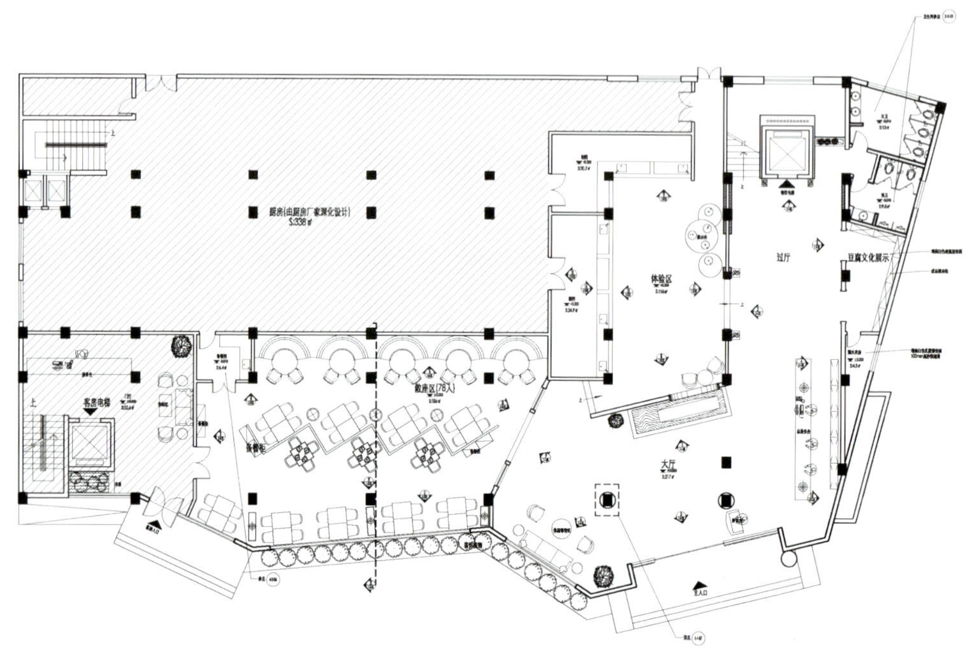

平面布置图

020/ 元莱美食尚餐厅

项目名称：元莱美食尚餐厅
项目地点：广东省惠州市
项目面积：450平方米
主案设计：王锟

本案为独立建筑，共三层，一层为面包咖啡店，二三层是餐厅用餐区，项目地处惠州市惠东区的繁华商业区，周边交通便利，四通八达，消费人群以家庭为主，年龄层次以*80*、*90*后为主。采用现代风格，休闲与时尚的结合，内在尊重天花和原顶的构造与自然形态设计，流露出*LOFT*的痕迹。项目所在地周边建筑朴实无华，形成鲜明对比。

一楼是面包店，二三楼用餐区，在用餐区的空间处理上平面布局合理，主要为功能性所考虑，利于餐厅服务，动线设计合理，服务员与顾客流动顺畅，视觉上与自然相结合统一。用似隔非隔的隔断处理来展示个性的鸟笼卡座空间，同时兼备通透性和空间私密性。

现代风格的时尚休闲餐厅，整体设计干净利落，温馨舒适，不仅适合学生消费群体，而且可以满足大众消费人群，同时注重选材的品质和受众在视觉上的舒适感受。

元萊美食尚餐厅
328

壁灯
常温蛋糕展示柜
弧形蛋糕展示柜
边柜1500
边柜1500
中岛柜2400
开放冷柜
POS
收银台
保温柜
三明治柜
盘车
烤箱
盘车
醒发箱
食梯
仓库
打蛋机
打蛋机
操作台
煤气房
水槽
冷柜操作台
冷柜操作台
装饰物
主入口
上
装饰柜
装饰柜
⌀450
⌀450
⌀450
⌀450
⌀450
装饰柜
装饰柜
地射灯
装饰品
壁灯
壁灯
壁灯
壁灯
壁灯
壁灯

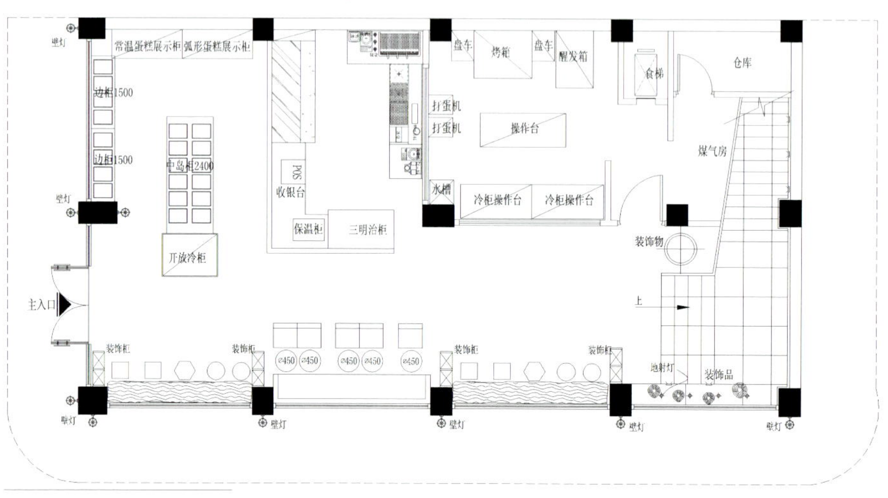

一层平面布置图

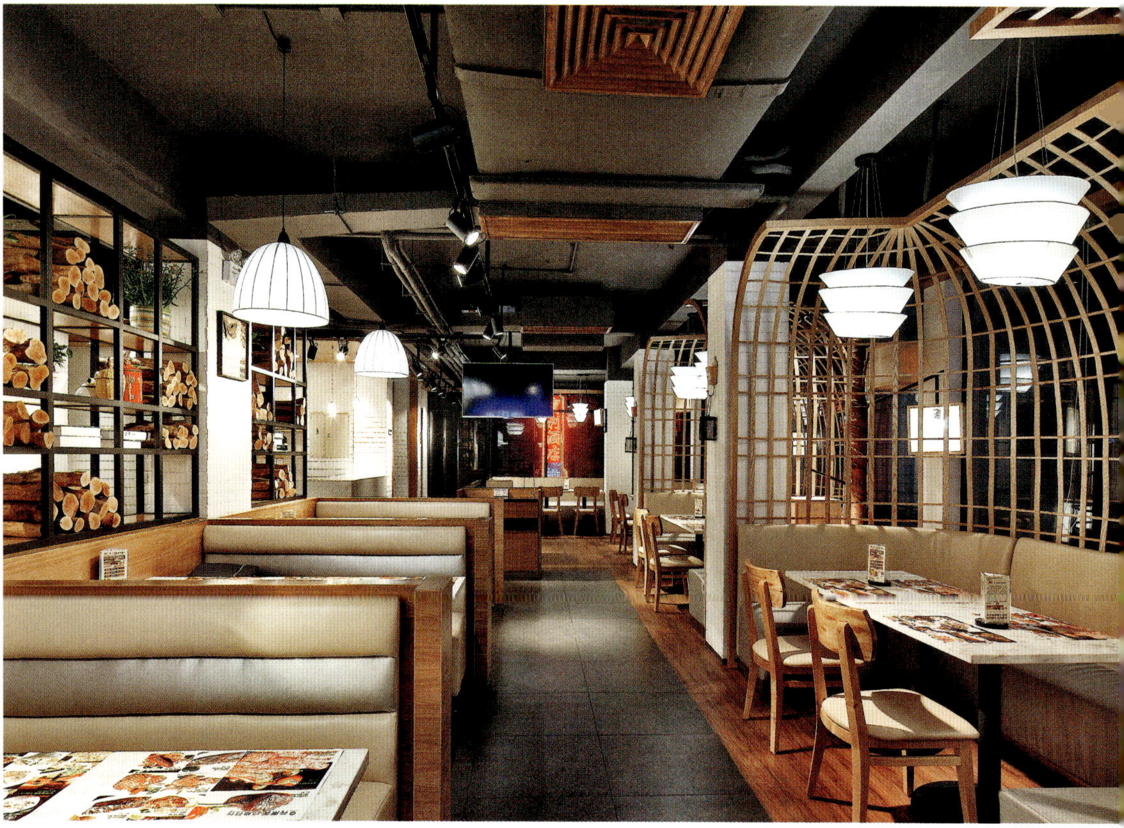

水吧台面
制冰机
冰柜
卫生间
蛋糕展示柜
出品
备餐台面
点餐机
热水器
咖啡机
电视机
收银台
活动备餐柜
备餐柜
17980
17990

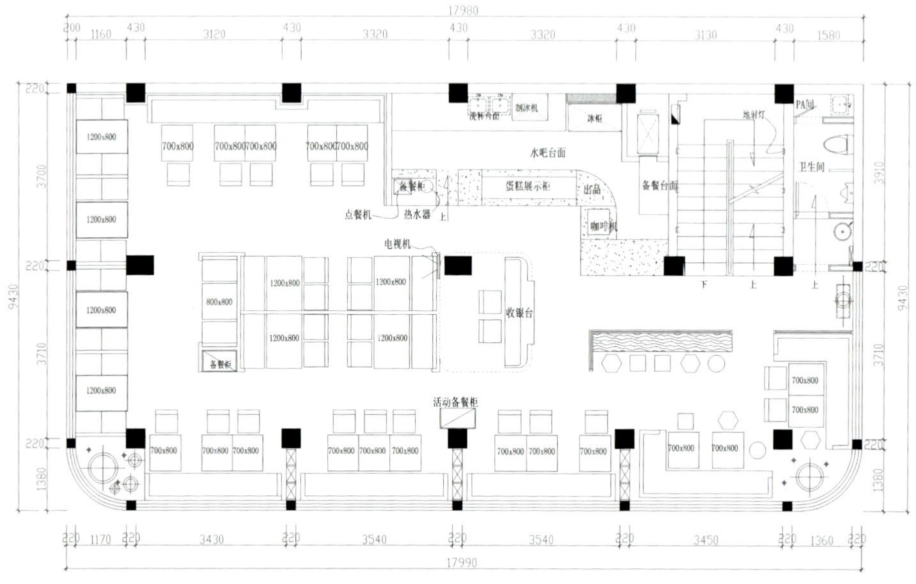

二层平面布置图

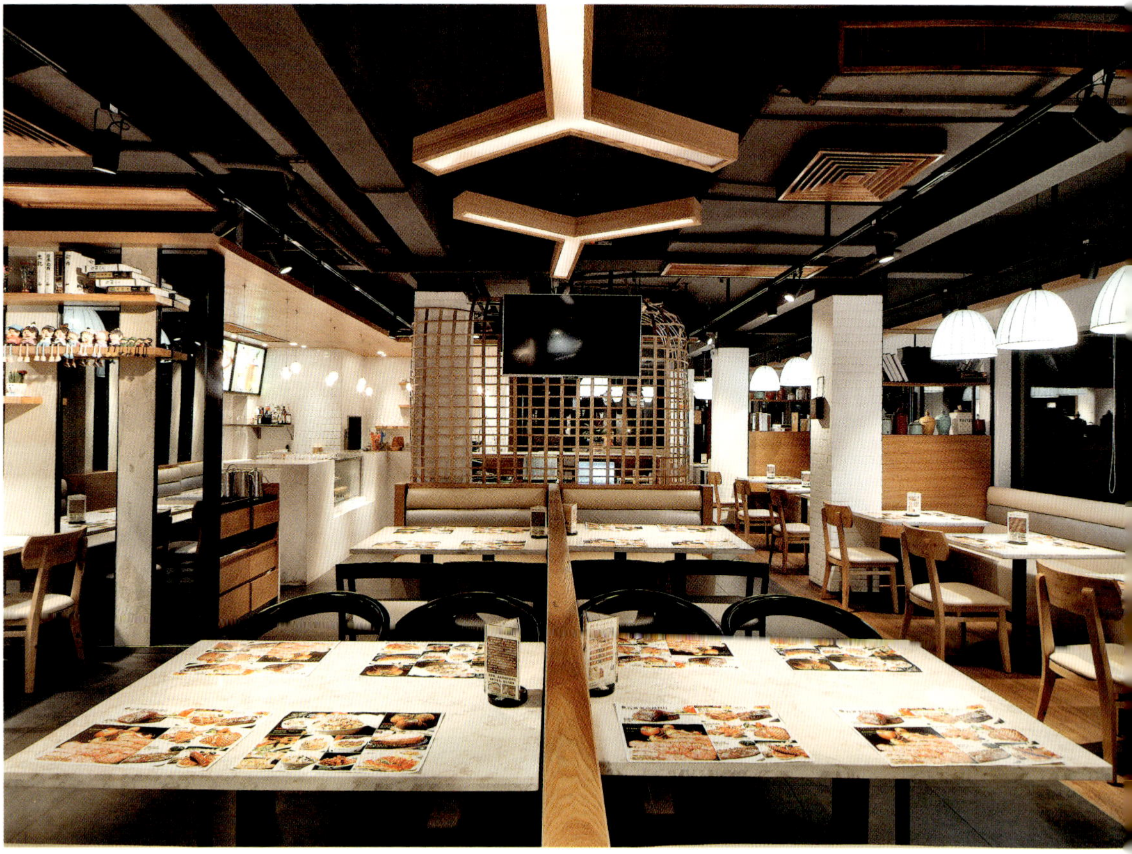

021/ 吾岛•融合餐厅

项目名称：吾岛•融合餐厅
项目地点：浙江省杭州市
项目面积：750平方米
主案设计：朱晓鸣

随着近几年国内餐饮业竞争的白热化，涌现出不同地域文化，不同风情的精品餐厅。不论形式上的争奇斗艳，还是从文化导入上创造客户的归属感，无不塑造独特的自我气息。

而位于商业步行街地下一层，人流关注较少，交通路线较为分散的场所，该如何通过空间设计来塑造自我的特征进行取巧的业态组合，并由此带来社会广大客户群的关注与传播，便成了我们考虑的重点。

在空间的功能划分中，充分利用了5米层高的优势，将空间划分为前厅、大厅区、卡座区，局部空间将厨房、明档等工作区域与加建的二层包厢进行组合，并在通往二层的交通路径中刻意增加了“愚岛”文创杂货铺区域，极大地增加了空间移步换景的的趣味性，并对客户等位，餐后滞留提供了良好的缓冲区域，减轻乏味的同时又增加了文创产品的关注与销售。

在空间的形式导入中尝试用室内建筑的手法，借以各种拥有共同质感、温暖特性的材料的组合刻画，谋求再现一个素朴、本然、闲静的自然主义渔村印象；尝试将传统餐厅与文创商店进行组合，在餐厅的输出上融合各类健康菜系派别，除却食物还输出音乐、书籍、香道、花器、手工设计产品……不出城廓而获山水之怡，身居闹市而有林泉之致。借以餐饮之名，重拾素朴、健康、怡然清雅的生活态度，传播新都市生活美学。

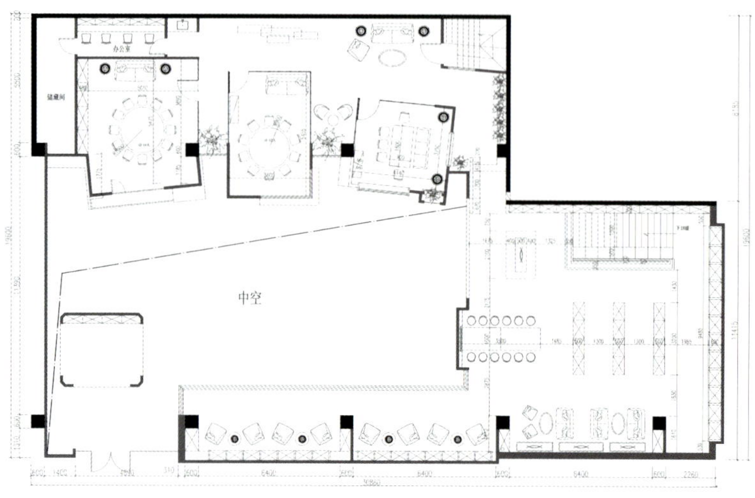

一层平面布置图

17980
水吧台面
蛋糕展示柜
出品
备餐台面
备餐柜
点餐机
热水器
电视机
收银台
活动备餐柜
卫生间
PA间
制冰机
冰柜
咖啡机
17990

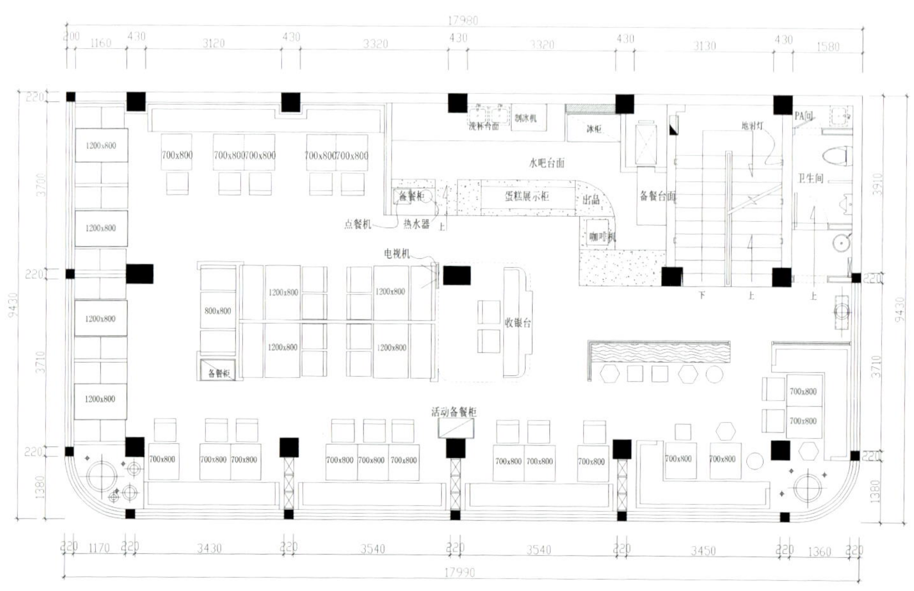

二层平面布置图

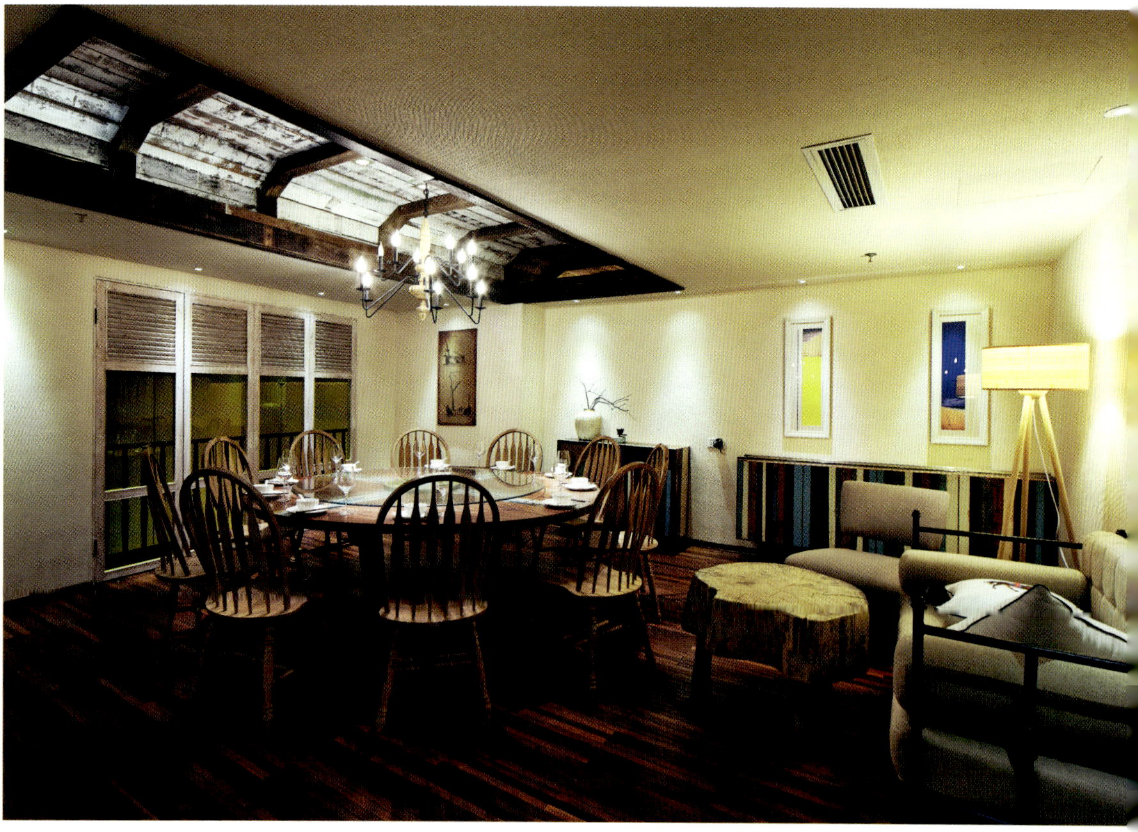

022/ 印象村野

项目名称：印象村野
项目地点：江苏省南京市万达广场内
项目面积：580 平方米
主案设计：潘冉

餐厅以地道的淮扬菜品为主打，设计师以淮扬大地的现实面貌与百姓生活状态为切入点，以“印象村野”为餐厅设计的主题。设计师将现实中的具象转化为表现上的抽象，再由抽象思维转变为现实体验回到抽象中去。

本案的设计亮点在于：以“巢穴状”编织体划分门厅及包间；“自由”是空间主题，由曲线引领着空间内的各种形态走向；竹器、砖块、泥灰等传统材料的当代运用；一气呵成无缝水磨石地面。

平面布置图

023/ 长临河

项目名称：长临河－徐州淡水渔家
项目地点：江苏省徐州市云龙万达广场三楼
项目面积：580平方米
主案设计：冯嘉云 、陆荣华、铁柱、刘斌

“淡水渔家”项目以展示“渔境”为空间表现重点。与项目所处的城市副中心，在背景与调性上形成鲜明的差异，通过稳重而自然的色彩，朴拙又本色的材质，和生动朴拙的“渔”意向陈设系统，为目标客群营造了一处闹中取静的餐饮空间，空间动线通过园林手法表现，呈现移步换景、处处有景的身心体验，在自然主义的整体氛围中，为场所赋予了熟稔的、丰富的中式语境，为就餐与交流提供了隽永的诗意背景。

与很多餐饮业态不同，在设计策划与市场定位上，“淡水渔家”不是完全遵照万达广场国际化调性，而是另辟蹊径形成差异特色，即勾画了一个散发历史韵味的“都市里的渔村”，整个空间充盈着野趣与自然意向，既符合徐州区域气质（历史名城），又一目了然主题鲜明点出业态属性——以鱼为主打。

在空间环境塑造上，注重了情境意识的表达，境渔村、渔船、船桨以及大面积做旧老木头等陈设与主材，自然而然地让目标客群进入“渔歌互答，渔舟唱晚，宠辱皆忘”的渔文化氛围及相关的厚重记忆感当中，使就餐环境纳入到温馨、放松又不乏江湖的古道热肠。

在空间布局考量上，吸收了渔船的内部特征，并针对购物中心客群基数大、流动性强的特点进行了统一中有变化的空间切割，如等候区的适当比例放大、秩序感的横竖向半虚隔断与似然散点的空中陈设交融、虚墙与实墙的交叉对比等，着意与“船”意向的营造。

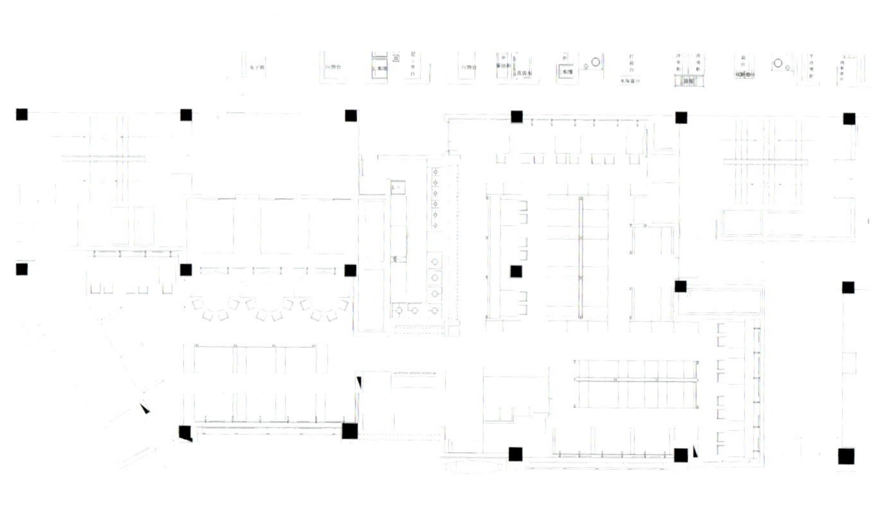

平面布置图

024/ 扬州东园小馆

项目名称：扬州东园小馆
项目地点：江苏省扬州市文昌中路时代广场一层
项目面积：430平方米
主案设计：孙黎明、耿顺峰、陈浩

空间突出亲和调性，舒缓雅致的背景下，勾勒出属于穿越于古典和现代之间的“家”的轮廓，与记忆的温馨。橄榄绿在金属黑的结构体下、自然的浅木纹在米黄的线描图形背景中、野趣的藤编在粗粝的粉墙前，既产生对比之美，又在量感上获得均衡处理，共同勾兑出和谐之美，亲近之境，同时又因国际化设计手法的应用而徒生了业态的品质感与时代性，既符合了“快食尚”消费的平朴，又形成了个性化高尚餐饮的品牌形象。

本案在空间风格方向上，主要着眼点就是如何呈现一线、二线发达城市的商业空间的品质感、国际化；而在业态设定上则侧重亲和“接地气”符合本埠目标消费习惯与消费能力一体验感特色化的地方饮食，这里也考虑了基数较大的周边白领的重复性消费的因素。

在空间环境营造上，突出“生活化”的贯穿始终，在古典与现代的“家”的环境基调下，目标客群所能体验到的尽是放松、亲切、不设防，在舒朗简约的氛围中，整个业态空间流溢惬意又不乏小资腔调，餐饮功能与社交平台的双重作用自然贴切地融合在一起。

开敞、无死角是空间布局的第一原则，从全零点区设置到主入口到与商场的出口，都体现了这一原则。而入口明档展示区与个性吧台背景则让这种统一原则中平添了变化和趣味，同时竖向的虚拟、半虚拟空间切割亦避免了“一脉统一”的呆板直白。

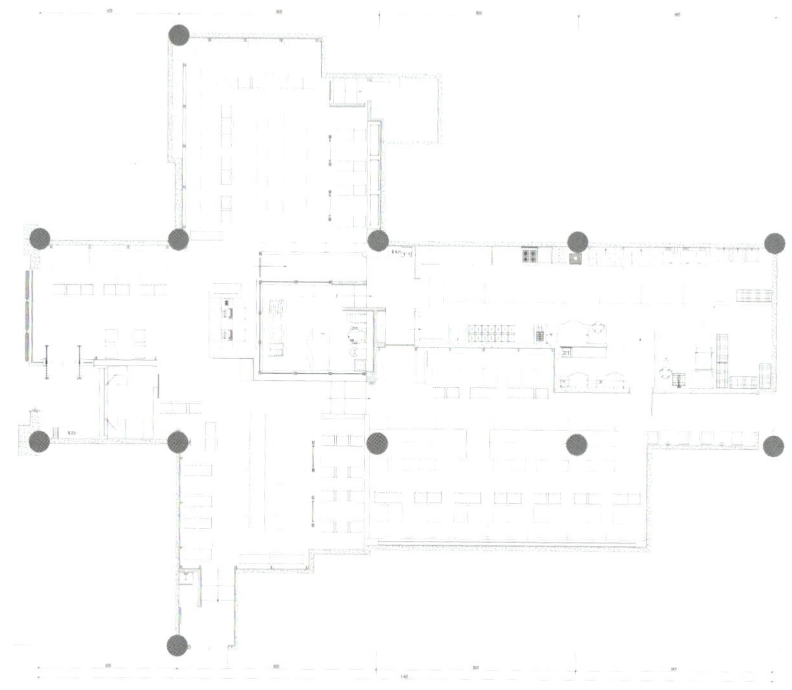

平面布置图

025/ 合肥小米餐厅

项目名称：合肥小米餐厅
项目地点：安徽省合肥市政务区华邦银泰城4楼
项目面积：330平方米
主案设计：范日桥、朱希

本案在设计脉络上，包豪斯工业美学的痕迹流溢在实木与金属的碰撞，散见于精致与粗粝的涂鸦、黑白的劲爽和绿的惊艳、横向竖向及堆头的丰富架构中，丰富、趣味、对比、个性让三百多方的小空间中泛着隽永、亲和又不乏小资味道的性格光芒。

设计风格方向倾向于田园意味的工业美学表现，目标市场切准城市CBD具有文艺、雅皮精神的青年时尚阶层，基调趋于回归情怀，意在以隽永鲜活的体验型空间，打造以创新餐饮为介质的，符合现代城市时尚阶层价值观与生活方式的社交平台。

与典型的“快食尚”餐饮强调空间利用率不同，创造属于特色餐饮空间的舒适度和自由度，是本项目空间布局的目标，为此在布局上提高了公共空间占比，通过增设两侧外摆解决了餐位不足的问题，并且增加了针对购物中心流客的视觉吸引。

遵循“性格选材”，即所有材料系统的选定都要与空间性格定位和市场定位吻合，比如老木板的原生粗犷、钢板的阳刚劲挺、白砖和亚麻的本质厚朴、马赛克波西米亚，无不与我们所理解、所需要的特定目标群审美特质呼应。

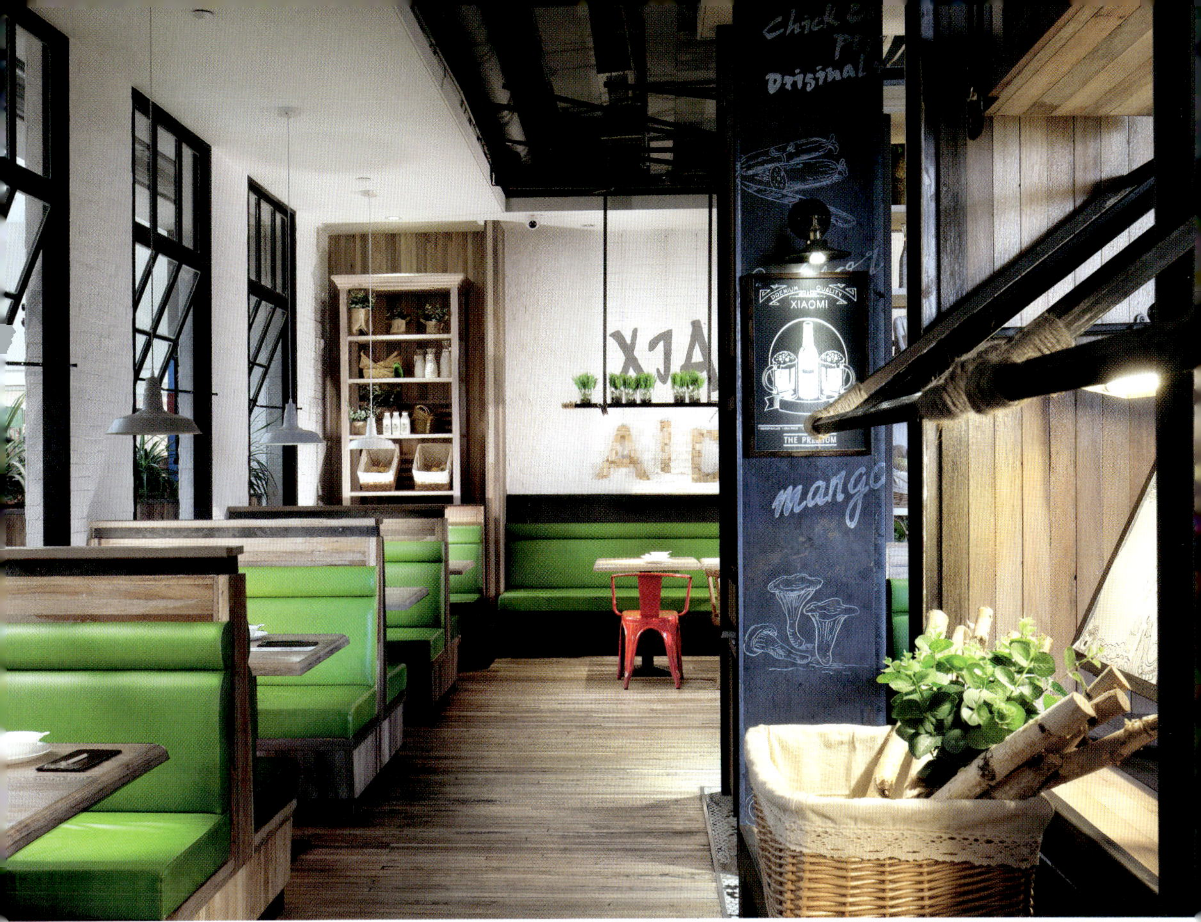
Original
XIAOMI
mango
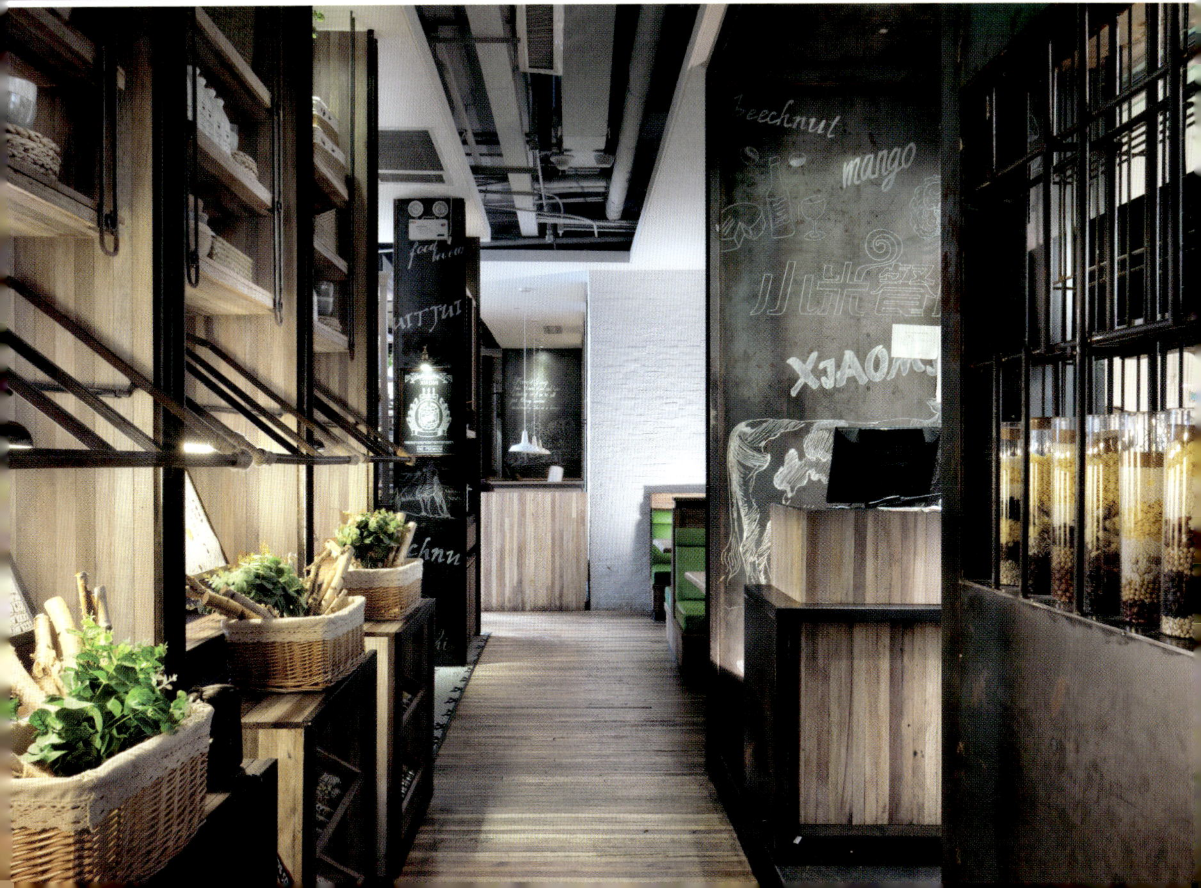
mango

平面布置图

Chicken Curry Salad
Popcorn chicken
Original recipe chicken
Funghi
Juicy peach
TOP
GRADE STEAK

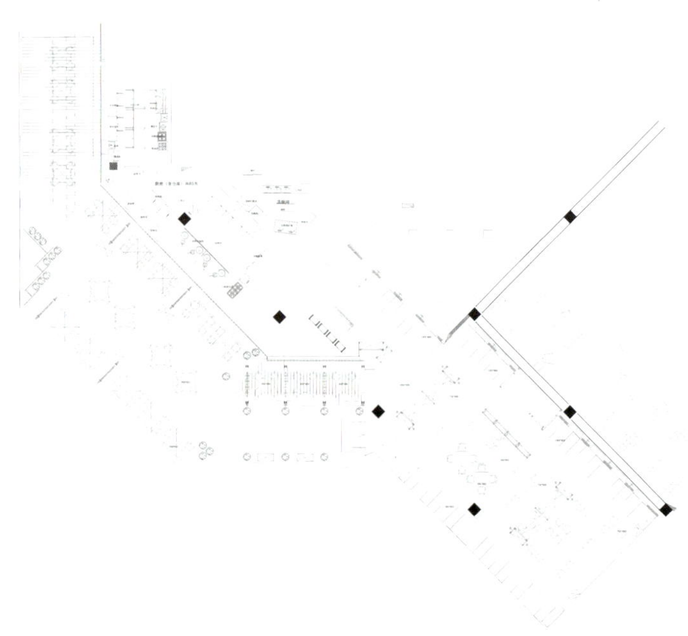

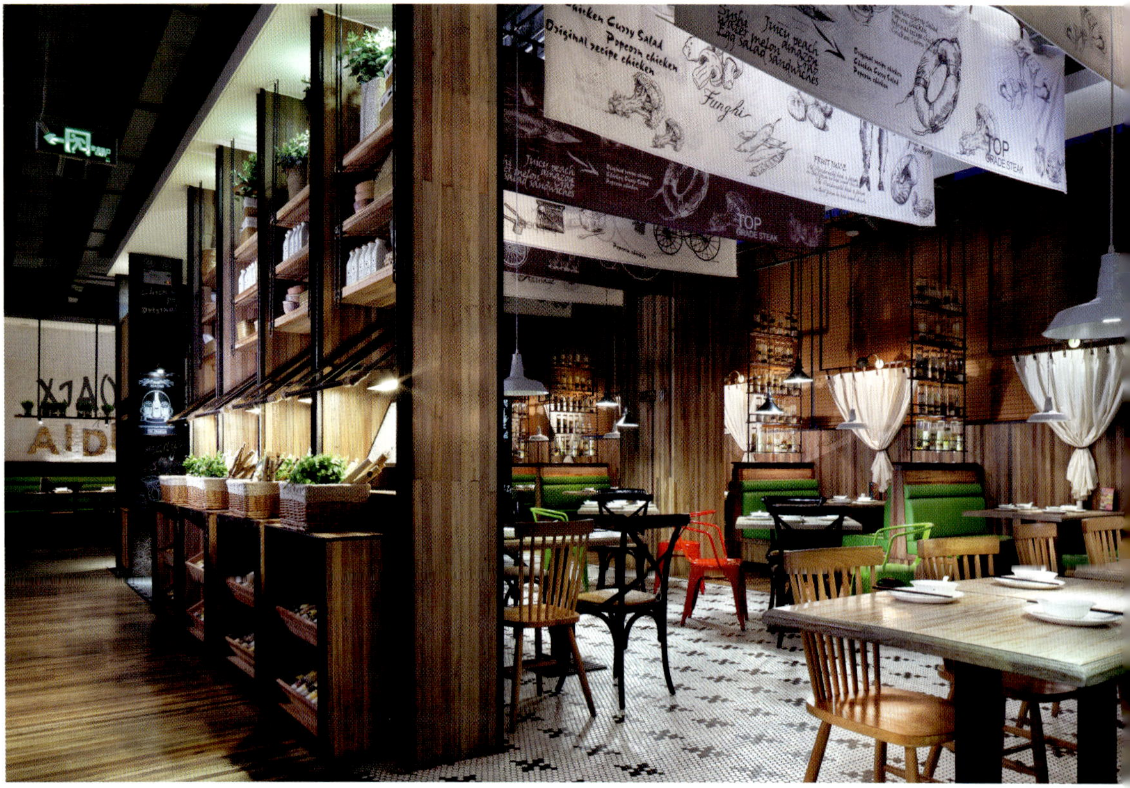

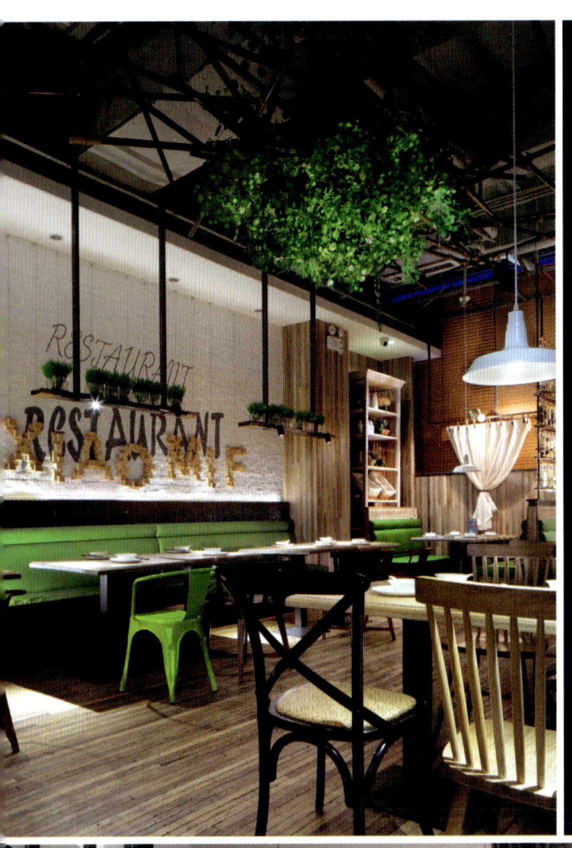

RESTAURANT
RESTAURANT

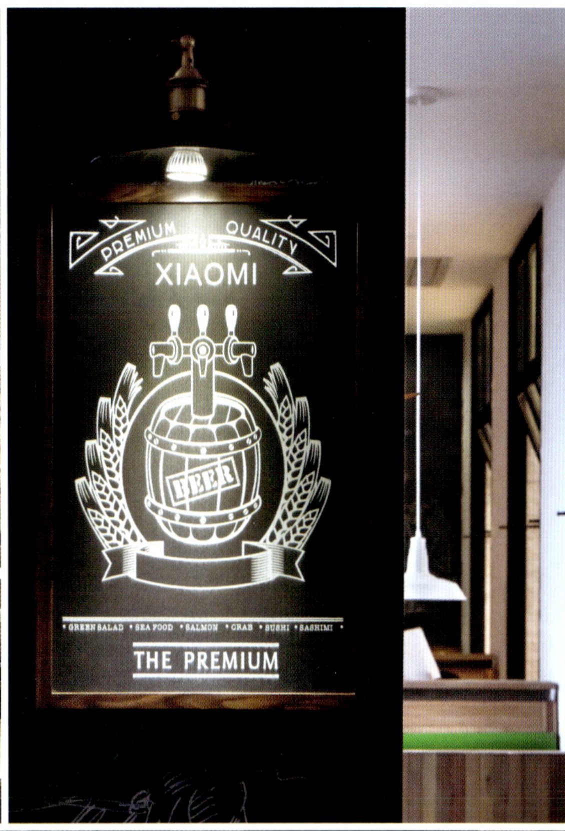

PREMIUM QUALITY
XIAOMI
BEER
• GREEN SALAD • SEA FOOD • SALMON • CRAB • SUSHI • SASHIMI •
THE PREMIUM

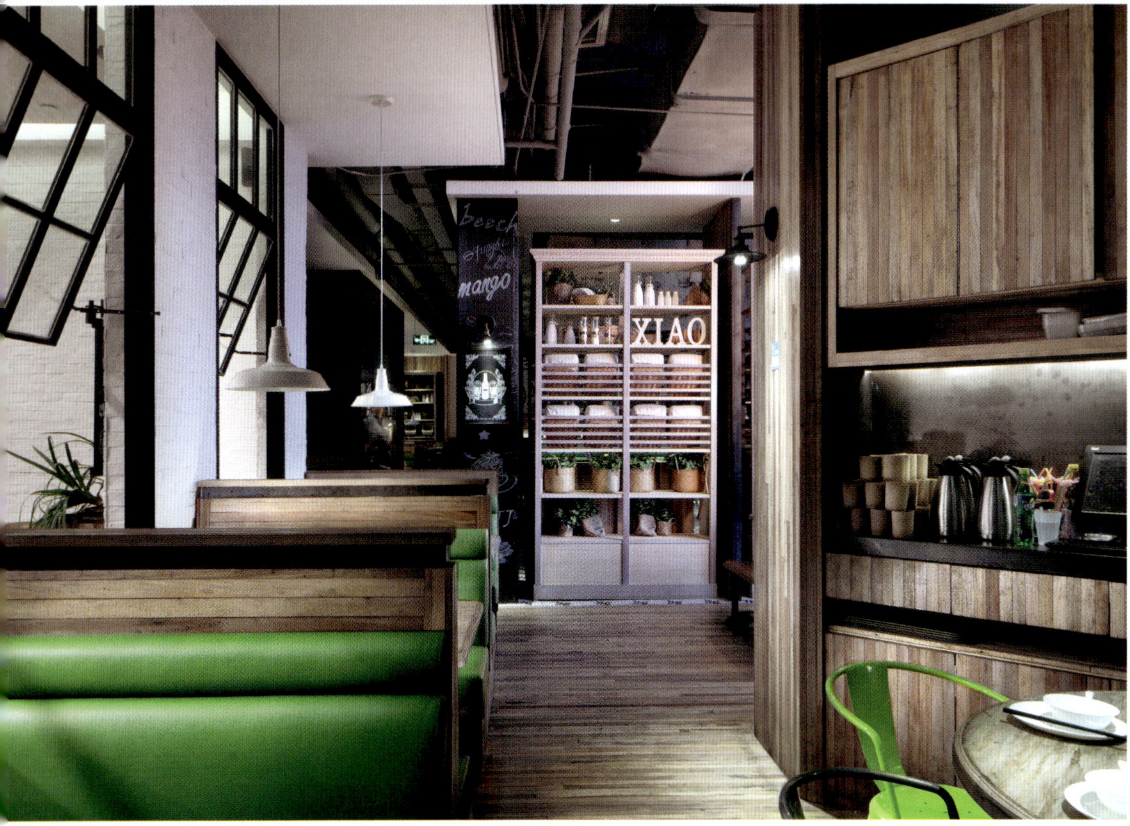
beech
mango
XIAO

026/ 罗兰湖餐厅

项目名称：北京丽都花园罗兰湖餐厅
项目地点：北京市
项目面积：900平方米
主案设计：陈贻

本案对于那些身心疲惫而想要暂时逃离喧嚣都市并纵情于自然同时又想体验时光慢慢流淌的人们来说，这里绝对是一个足够吸引人的名副其实的宁静场所。

本案是一个独特的能够融合周边自然环境，从树林中生长出来，并且仍能使得原有建筑生命气息不受任何干扰而继续自然而然地运行并流淌出来的全新建筑。把自然协调成建筑背后的驱动力，将一个保留历史记忆的但却是跟周边的花园景致完全融合的建筑空间呈现给使用者。

建筑外立面大量的运用透明中空玻璃及菠萝格防腐木，使整体建筑看上去虚实结合。结合了东方的阴阳合一理念，构筑了明馆（玻璃馆）和暗馆（实体馆）两部分，并同时在整体平面布局中规划出一个私密的室内庭院。

Blue Lake
Restaurant

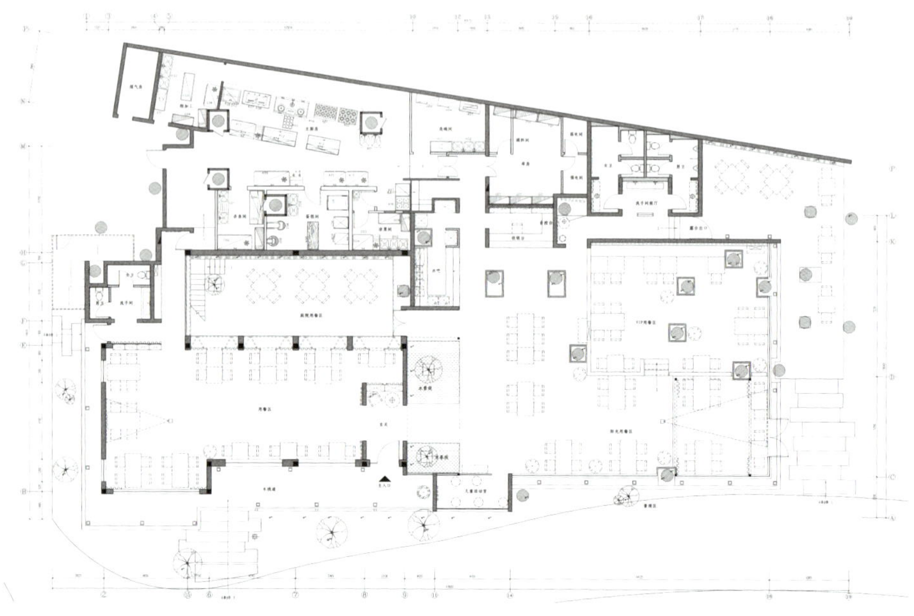

平面布置图

027/ 咔法天使咖啡厅

项目名称：咔法天使咖啡厅
项目地点：浙江省宁波市
项目面积：240平方米
主案设计：周剑青

作为咔法天使入驻宁波的首家形象店，项目选址位于宁波最繁华的商业区，主题消费人群定位在年轻时尚的群体，符合品牌在全国一线城市的直营需求，空间设计简约时尚，布局合理简便，用料简朴独特，设计具有可复制性及可塑性。

本案的风格在*LOFT*的基础之上，力求突破及创新，增加*caffee*的主题元素，将清新、年轻、时尚、色彩等融入到整个环境，利用多元化的大胆创新构造（如集装箱、木构吊灯、钢网楼梯、木构花坛等等）去体现无界的空间环境。

空间为*5m*挑高的结构，大量保留了挑高空间，局部设计了隔层，充分去展示空间高度的优势性，给予顾客最大限度的视觉舒适及环境舒适，布局上不去刻意追求用餐位的数量，保证每位顾客能在宽敞舒适的环境内享受*caffee*的温暖。

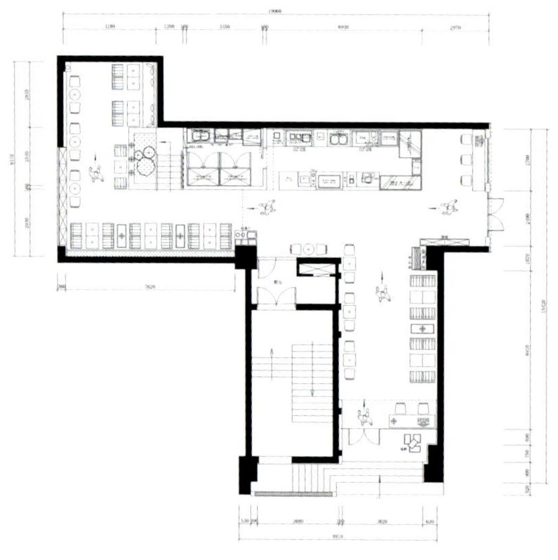

一层平面布置图

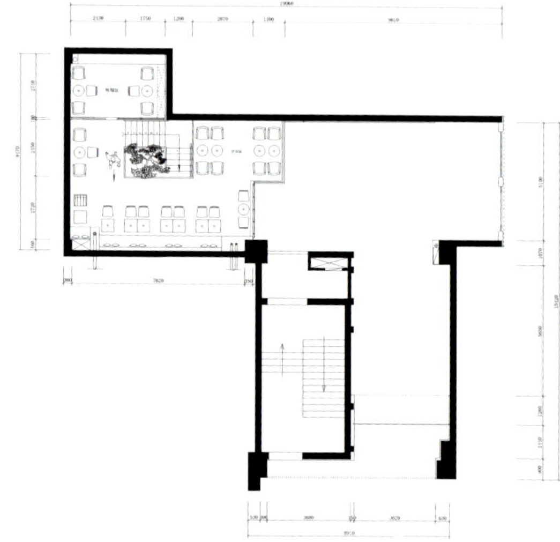

隔层平面布置图

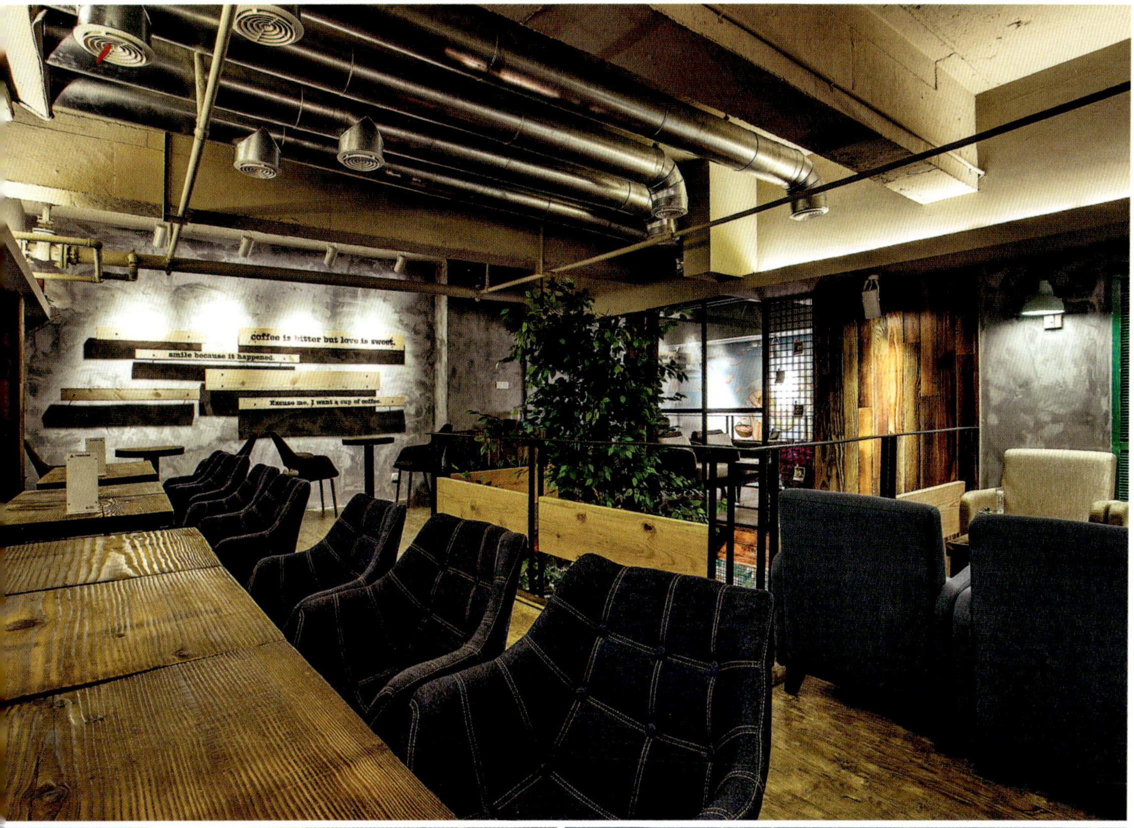
coffee is bitter but love is sweet.
smile because it happened.
Excuse me, I want a cup of coffee.

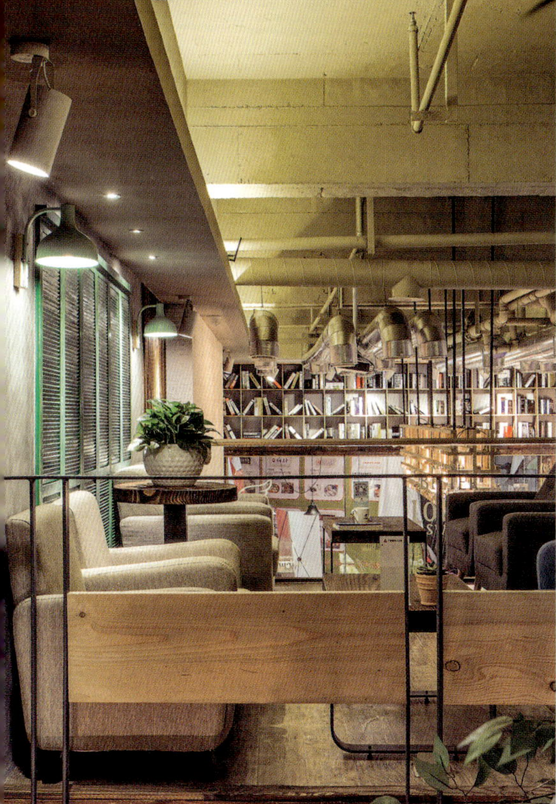

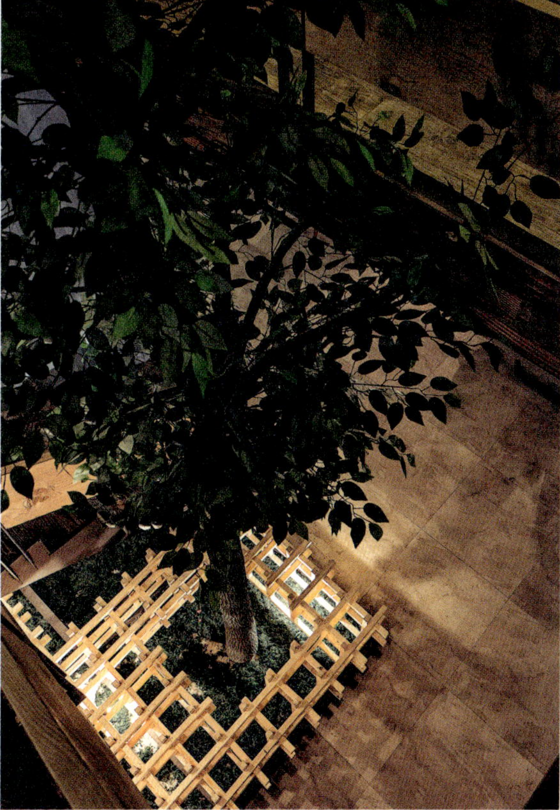

028/ 云鼎汇砂丹尼斯

项目名称：云鼎汇砂丹尼斯一天地店
项目地点：河南省郑州市
项目面积：280平方米
主案设计：孙华锋

由于到云鼎汇砂来的大多是家庭用餐或朋友小聚，设计理念既不可太超前又不可过于传统，所以我们从日常生活入手，找到了一些灵感，确定了设计理念：用常见的普通材料做装饰，引发人们对时光的眷恋之情。整个就餐空间以黑红为主色调，给人以清凉静谧之感，一如它的名字，透着几分神秘。

现代的室内空间，在经历过所谓的奢华，简约欧陆之后，亲切质朴的令人容易接近的空间才是人们真正想去的地方，最普通的材料，最简洁的手法，最有效的布局才能更好的服务于顾客、服务于经营。本案我们采用钢筋做成“雨后彩虹”，但在钢筋、砖瓦之中，每个店又都有不同主题的、反映城市变迁的照片和绘画穿插其中，希望客人在就餐之余能有所念想。

螺纹钢筋有序的排列，工业感十足，“洒上”鲜艳的色彩，打造出“雨后彩虹”般的梦幻空间。老旧木头之中镶嵌着被遗弃的啤酒瓶，以强烈的灯光来突出玻璃的空灵，翠绿与深绿交错，组合的不只是纯粹的色彩美学，还有对客人善意的提醒，应该怀有一颗发现美的心。

云鼎汇砂

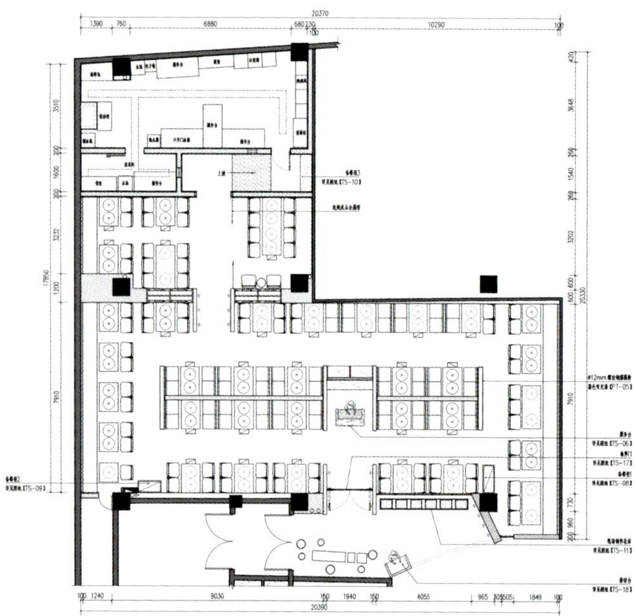

一层平面布置图

08

36

029/ 六瑞堂原味餐馆

项目名称：六瑞堂原味餐馆
项目地点：湖南省株洲市
项目面积：750平方米
主案设计：石龙贵

“六瑞堂”因地名而来，追求餐饮最本味是食客对饮食的新的变化，设计者在案例设计之初结合菜品之特点，进行构思及安排。运用中式独特的构图手法，装饰力求简洁凝重，有意忽略“界面”的装饰，而从整体空间着手，突出空间的节奏韵律感，创造高质素人文空间和意义深远的意境。

本案选用最朴实的元素或材质传递本味的思想；以大厅东西走向为主轴线贯穿整体，分层次、节奏性地南北展开；以此同时，南北方向也形成了几条次轴线。阡陌交通，往来自如，既解决了顾客分流及人流交叉的问题，又增添了景致。

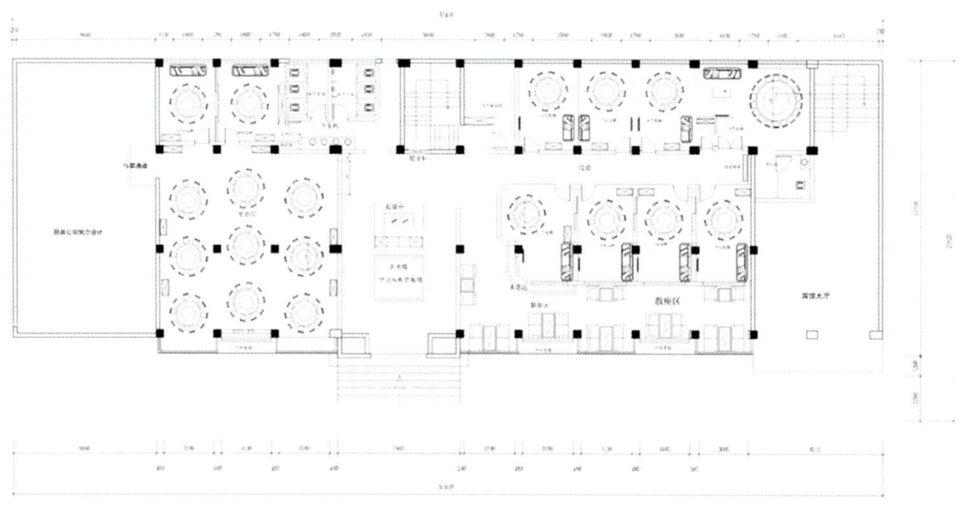

平面布置图

茶·人月圆

030/ 眉州东坡酒楼

项目名称：眉州东坡酒楼——苏州万科美好广场店
项目地点：江苏省苏州市工业园区徐家浜 万科美好广场三楼
项目面积：1666平方米
主案设计：王砚晨、李向宁

苏州被誉为人间天堂，苏州园林便是人间天堂的范本。游苏州园林，最大的看点便是借景与对景在中式园林中的应用。中国园林讲究“步移景异”，中国文人造园更是试图在有限的内部空间里完美地再现外部世界的空间和结构。园内庭台楼榭，游廊小径蜿蜒其间，内外空间相互渗透，透过精美细致的格子窗，广阔的自然风光被浓缩成微型景观，把观赏者从可触摸的真实世界带入无限遐想的梦幻空间。

于是，在眉州东坡苏州首家店的空间设计中，我们以苏州古典园林为蓝本，遵循中国文人的造园理念，采用因地制宜，借景、对景、分景、隔景等种种手法来组织空间。撷取苏州园林最精髓的视觉语言——漏窗、游廊、屏风、檀扇、案几等，运用最具苏州特色的材料工艺——绢丝、青铜、镂刻、手工青砖等，以当代视角创新重组，共同营造出曲折多变、小中见大、虚实相间的充满诗情画意的文人写意山水园林。正如拙政园中那座著名的小亭“与谁同坐轩”所传递出的意境，更是东坡先生“与谁同坐？明月清风我”心境之写照。

8400
凉菜水果间 27㎡
更衣间
16㎡ 备餐间
主厨间 26㎡
烤鸭房 10㎡
风干房 4㎡
冷冻库 9㎡
保鲜库 9㎡
烤鸭加工 10㎡
粗加工间
更衣室 6.55㎡
库房
34㎡ 洗碗间
洗杯间 11㎡
库房 25.5㎡
办公室、弱电室 16㎡

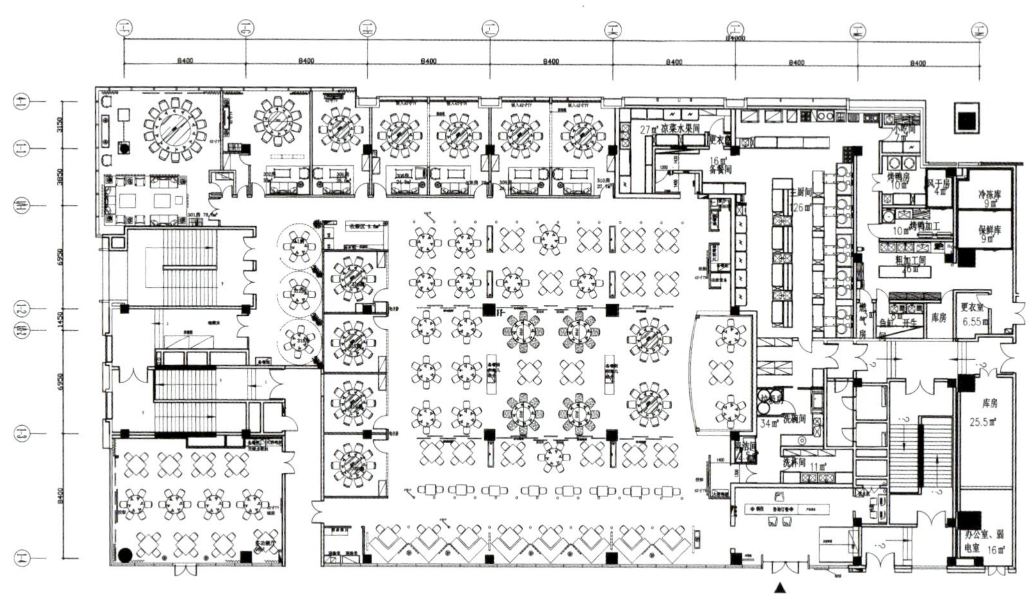

平面布置图

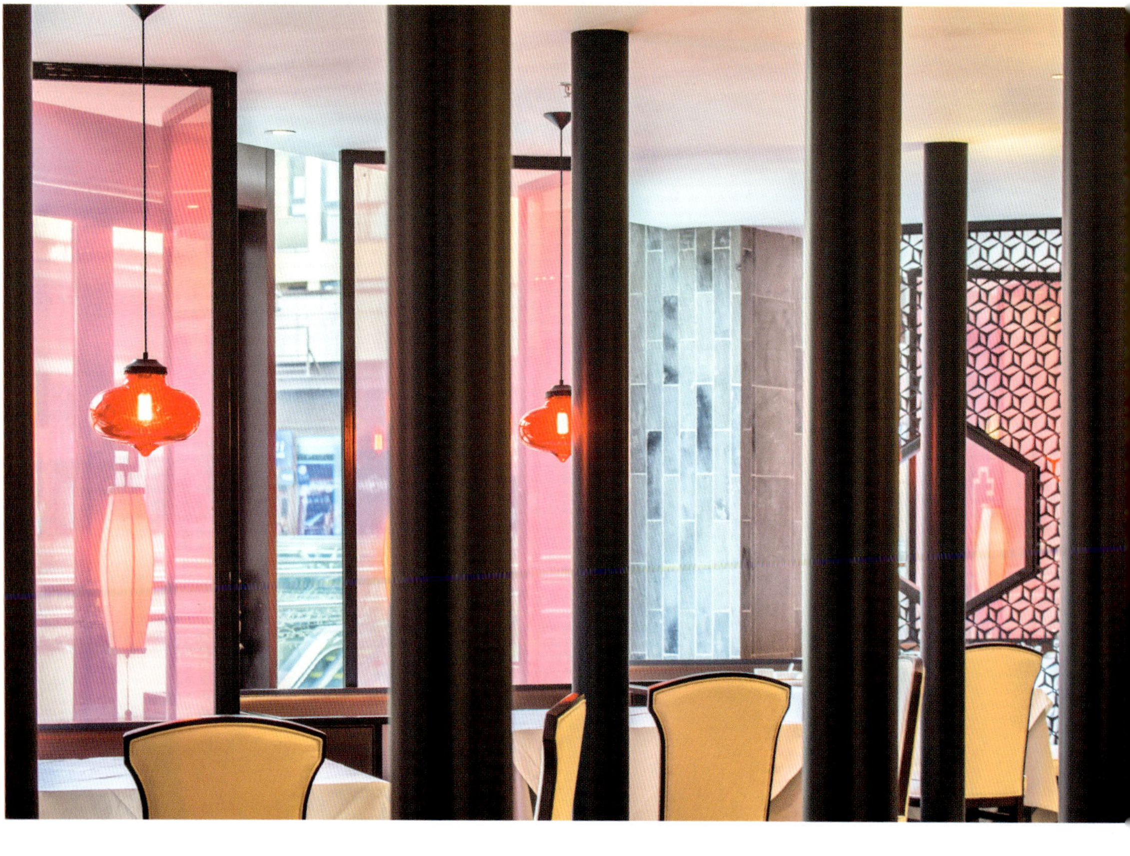

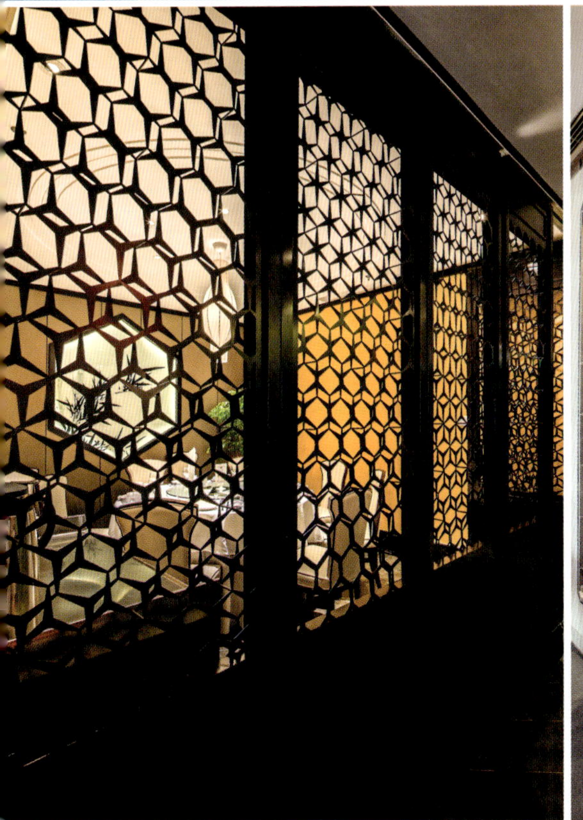

031/ 芳草地小大董店

项目名称：北京侨福芳草地小大董店
项目地点：北京市
项目面积：400平方米
主案设计：刘道华

小大董，位于优雅购物、艺文荟萃的 “侨福芳草地”内。亦小或大，小文艺青年的惊鸿一瞥，摇不尽的繁花迷离，在唇齿之间，为自己找个家，留恋，回味。小大董就好像大董的少年版，带着一丝青涩走出来的全新品牌，既文艺又带着大董精益求精的味觉体验。和商场一派现代气息不同的是，小大董给人感觉是中式风格里面带着怀旧及禅意的气息。

聚落的架构理念，牵引着各区域的衍生。动线的韵律指引及徽派建筑形式移入室内，仿若我们行径在村落的小巷内，忘却世间百态，只留得一身“清”。小空间大智慧，外看简洁内看细节，虚实相生，加以当代艺术的配饰点缀，赋予空间摇不尽的繁花迷离。

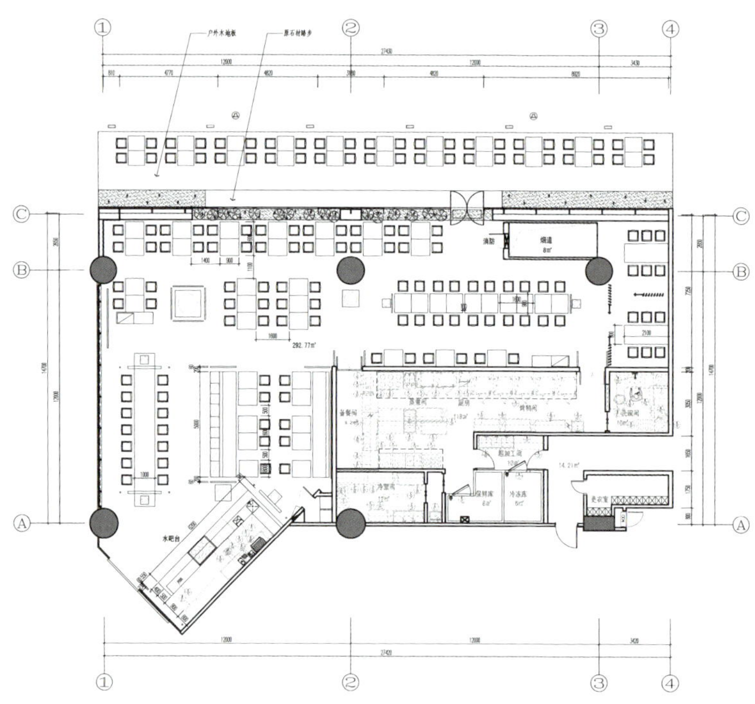

平面布置图

032/ 宁静致远

项目名称：宁静致远
项目地点：江西省南昌市
项目面积：1000平方米
主案设计：王晚成

餐饮空间在外围为节省成本又做到美观，钢筋混泥土的结构裸露在表面，木质作为外墙。云境崇尚生态，绿叶和古门都能体现古韵气息。中西结合的时尚餐厅，空间的旧门为甲方早年间在乡下收集，餐饮空间大量运用早年间收集的材料，其他更多为淘宝材料。

空间画布的挥洒、泼墨体现着宁静。灯光的运用恰如其分，宁静安详。墙面直接用青砖加白色石灰修饰，既做到了节约成本，又能大胆让人接近原生态。外墙的设计、空间布局错落有序，最大利用空间，座位紧凑有序。

033/ 南京六朝御品

项目名称：南京六朝御品
项目地点：江苏省南京市
项目面积：850平方米
主案设计：王帅

本案地处六朝古都的南京市主城区，以佛教为主题，利用不同时期南京的名称来命名餐厅包间，具有生动感和历史趣味性，让人印象深刻。因为本案地处市区，所以室外环境不佳。通过将室外园林景观如（凉亭、雨廊等）引入室内，让人身临其境。

在空间格局上，将原始商铺三个楼梯合并为一个大楼梯，并将顶层楼板切开，做成了金字塔形阳光顶，让天光进入室内，照射在12米高的铜佛像上，更具视觉感。设计选材为了凸显皇家风范，采用了大量的石材和铜质。

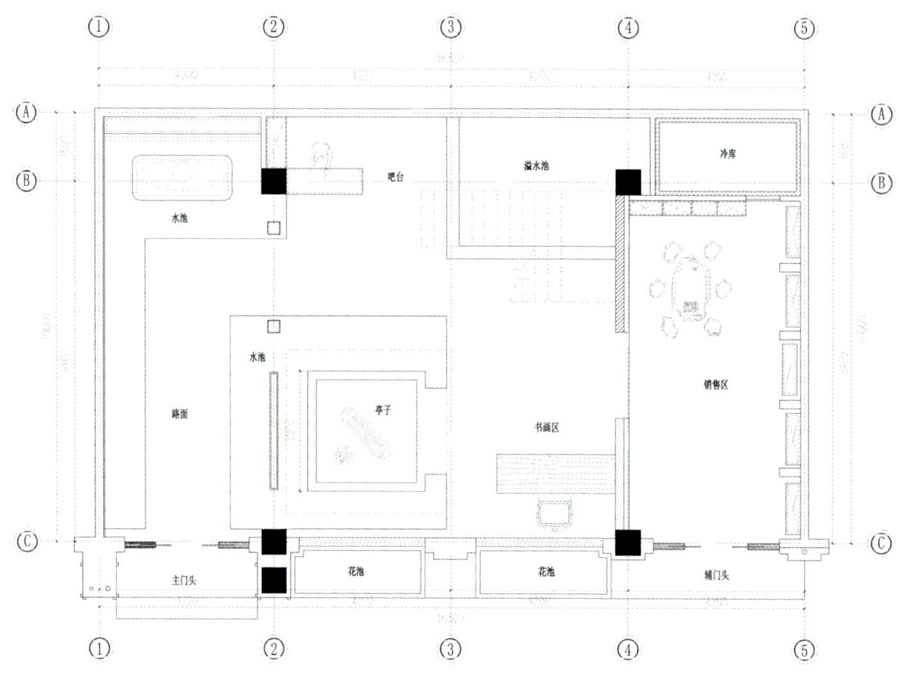

一层平面布置图

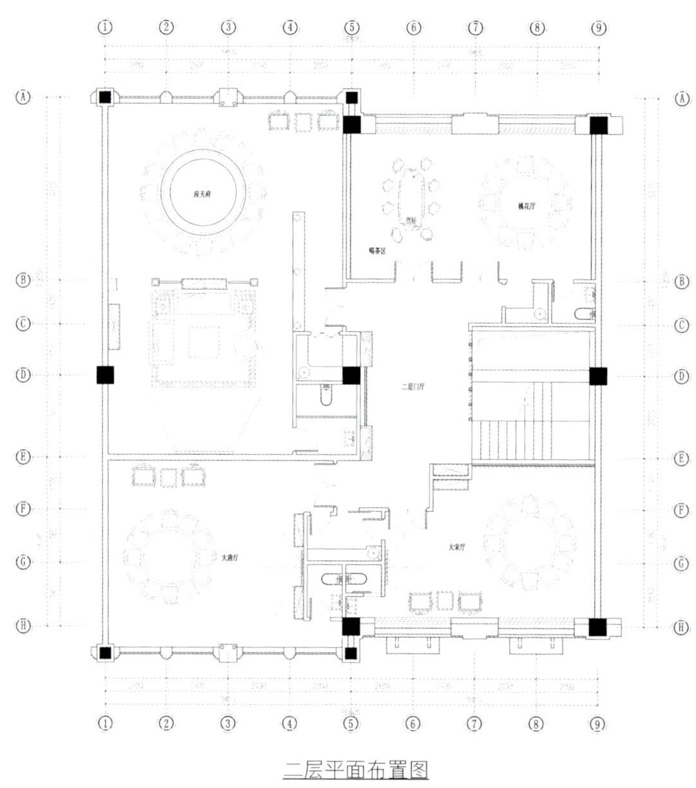

二层平面布置图

034/ 食屋私人餐厅会所

项目名称：葫芦岛食屋私人餐厅会所
项目地点：辽宁省葫芦岛市
项目面积：2101平方米
主案设计：赵睿

本案的设计师根据海边的地形面貌，以梯级线的设计手法来弱化建筑，让建筑更好地融入环境之中。保留了完整的植被，保持了原始生态而且让建筑更为松散自由，形成自然和谐的景观环境。

在室内的空间设计上，为了增加情感和体现生活的痕迹并与时间的交错，设计师将建筑周围的树枝、贝壳、破碎的陶瓷等再次设计融入到设计中，增强自然气息和生活本身的亲和力。

许多装饰材料就地取材，应用该地区的资源，自然的材料、废旧的材料，经过自己加工改造再应用于建筑中，比如当地的海边贝壳、旧瓷器、树枝等等。

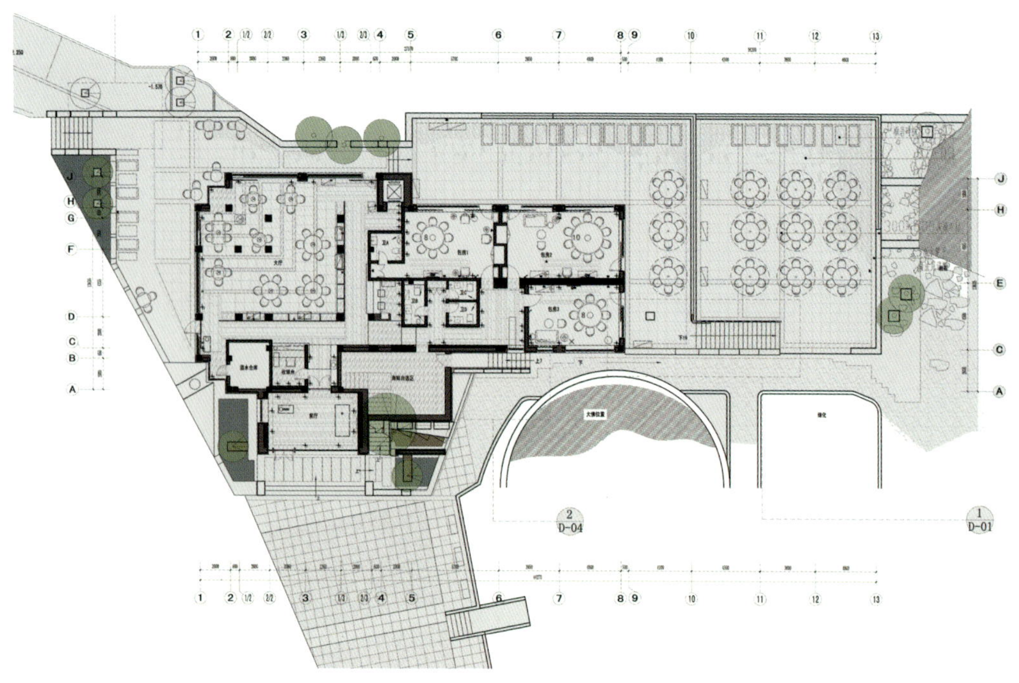

平面布置图

035/ 天意小馆

项目名称：天意小馆
项目地点：北京市
项目面积：450平方米
主案设计：王奕文

本项目位于北京远洋未来广场的“天意小馆” 作为京城百年老字号“天意坊”的分支品牌，创意私房菜的小馆。设计师赋予此空间“时尚的殖民地”风格。木色老窗棂、柱廊等等，仿佛跻身于上个世纪30年代怀旧小资的建筑中来。并大胆采用了蓝色、粉色的跳跃颜色烘托时尚的风情。

怀旧柱廊的呈现某种意义上界定了空间的延续性，作为主要的动线承载着功能的作用。两边配以曼妙的黄色轻纱，将卡座区与散座区自然地过渡过来。同时也解决了空间私密性的需求。

本项目的设计选材上，选用老榆木、蓝色板材、彩色灯饰、平民的艺术品。设计选材上利用最朴素无华的随处可见的材料，来打造这么一个亲切的，却又无限浪漫的场所。

天意
小館
TIAN YI
XIAO GUAN
RESTAURANT

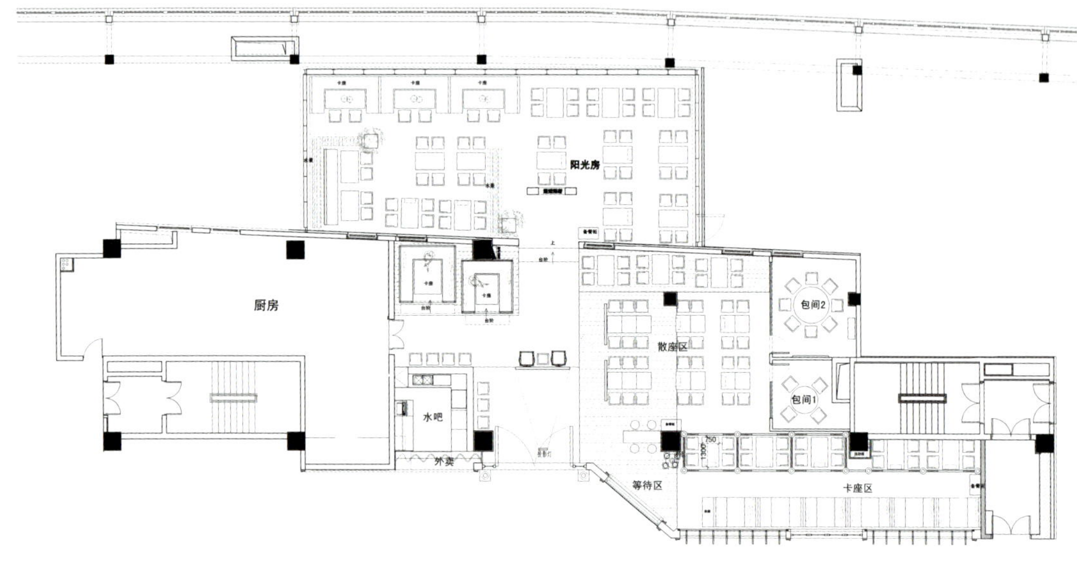

平面布置图

036/ 相遇餐厅

项目名称：相遇餐厅
项目地点：安徽省芜湖市
项目面积：400平方米
主案设计：孙传进

主流的消费对话主流的美学导向，*80~90*后可谓“车轮上的群体”，针对主体消费群体的独特的视觉定位，符合年轻人对新事物奇、特、好玩的需求。大工业时代的特定产物——汽车，作为社会主流消费的代表被植入进设计场景里，也符合现如今我国的一个消费时代。

当代建筑难道只能用那些看起来完整的混凝土来表现吗？设计师尝试用日常生活艺术中的手法：涂鸦，*SCRAWL*，指路牌，花花草草，绿植墙再一次平衡了这些视觉基点。全案以现代艺术手法，汽车、钢铁、混凝土等工业元素在低照的空间里，通道在相对艳丽的质感家具映衬下将顾客置于生机盎然的交汇和纯粹的世界里……

前区的频闪交通信号灯，在人流如潮的大环境中，冲突地表现了设计师在商业展示方面，具前沿性的思维……动线在核心区形成了一个集结区，“*CHANCE*”邂逅在其他的“心”点，设计师给予空间第一次回馈，注雅致，精致汇聚，形成意念与现实的一次邂逅……也是设计师的心声，当下的主流餐厅都只剩下了这样的铜铁和斑驳了吧！

古老、斑驳而又极具力量感的上世纪的集装货柜，倾诉漂洋过海的经历，在环抱的彩色灯泡烘托的“化妆镜”前，过往行人，心间亦有同样的唏嘘和沧桑……激发一探究竟的冲动和意愿。而车语言的刻画和精心的装饰，丰富了整体方面的表情，防滑钢板作为前区地面质地，强调极其冷硬感，锈使心情有舒缓回温，体验十足，划分区域同时平顺自然成为导流艺术标识……

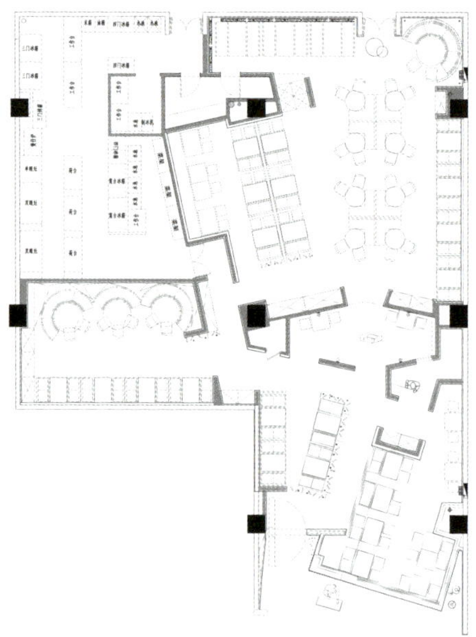

平面布置图

Wi-Fi已覆
密码:jdxycy52

SLOW
CHANCE

037/ 贰千金餐厅

项目名称：贰千金(Lady Bund)餐厅
项目地点：上海市
项目面积：1200平方米
主案设计：Thomas Dariel

贰千金（*Lady Bund*）餐厅位于外滩22号，主营创意亚洲料理。餐厅所在建筑前身始建于*1906*年，地理位置毗连十六铺码头，是一栋典型的折衷主义历史老建筑。修缮后的外滩22号以其特有红砖立面在外滩建筑群中独树一帜，仿佛女子着一袭红裙，极具历史韵味。

介于餐厅的建筑背景是西方建筑形式与东方历史文化完美结合的典范，业主期望能在贰千金内部延续东西一统的精神韵味，于是邀请了扎根上海的法国设计师*Thomas Dariel*操刀室内设计，发挥其擅长的文化兼容现代的设计手法。

038/ 问柳菜馆

项目名称：问柳菜馆
项目地点：江苏省南京市秦淮区老门东历史街区
项目面积：1439平方米
主案设计：潘冉

昔日秦淮，有三家老字号的茶馆，俗称“三问”茶馆。其名分别取自“问渠哪得清如许，为有源头活水来。”—问渠；“使子路问津焉。”—问津；“问柳寻花到新亭”—问柳。“三问”大约建于明末清初，是文人墨客聚会、商家巨贾谈生意的常往之地。本次设计对象，恰恰是以兼制活鲜菜肴闻名的“问柳”茶馆。

真正严肃的从中国传统精神出发，隐忍含蓄地使用中国式语言。结合运用建筑原有特色，打造内部安宁的环境氛围。“问柳”夸而有节，饰而不诬，恭敬地表达着空间营造者谦卑的诚意。众多当代名家留下的笔绘作品、手工艺品、艺术品与建筑装饰与建筑本体紧密结合，营造出平和高尚的空间气场。时间、光线、故事在此流转融会、一气呵成。

听雨看荷，第一重天井结合门厅设置，此处为故事的序章，洗净街市喧哗，将来客缓缓沁入建筑内部安宁的环境氛围。随着步步深入，第二重天井展现于眼前，它位于堂食厅的核心，是整栋建筑的心脏。一层空间的排布、二层包间的布置皆为围绕天井层层展开。天井的设置反映出中国风水流转的轮回思想，同时帮助建筑破除空间死角，为内部环境争取到充足的空气和光线。东西南北任何朝向空间都接受阳光沐浴，光线作用在古典建筑构造上，衍生出美妙的艺术效果。

选用了瓦片、砖细、竹节、风化榆木等当地材料，最朴素的材料在当代工艺的精细研磨下，使室内空间焕发出质朴祥和的气息。

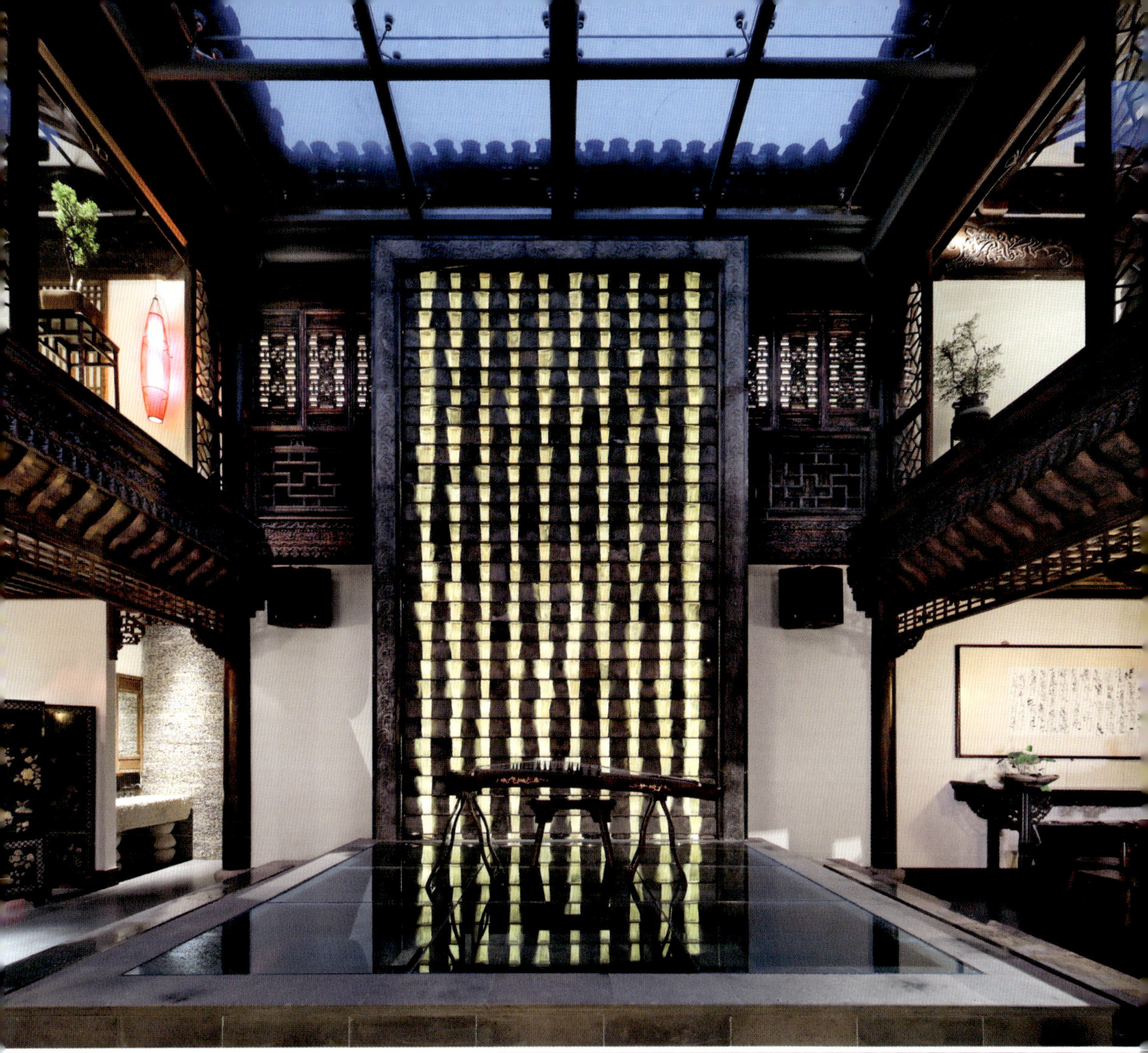

神怡心曠山鳴竹

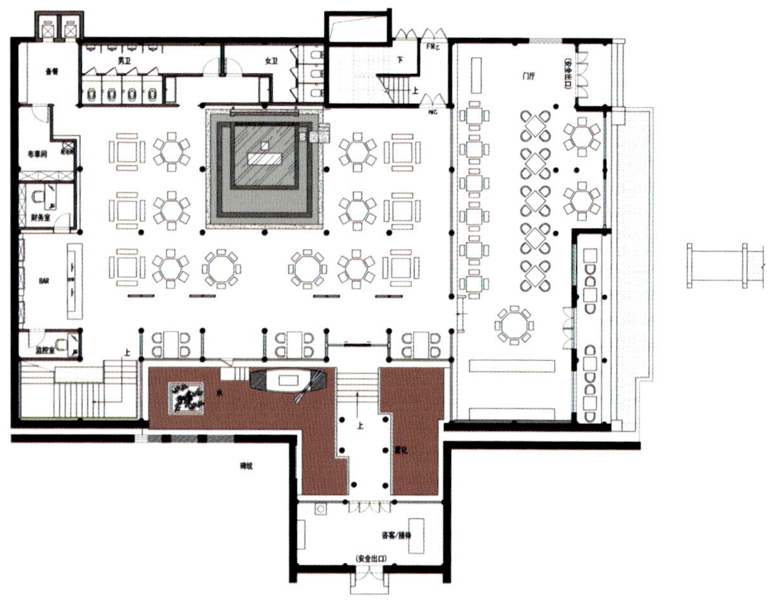

一层平面布置图

泉石野生涯
烟霞闲骨格

设备
B09备餐间
B07男卫
B08女卫
B10走道1
下
B05包间5 132㎡
15人
R=1250
18人
R=1600
B01包间1 44㎡
B04包间4 29㎡
B11走道2
B13走道4
12人
R=1100
10人
R=900
B02包间2 49㎡
B03包间3 35㎡
空调
B12走道3
上
B06包间6 26㎡

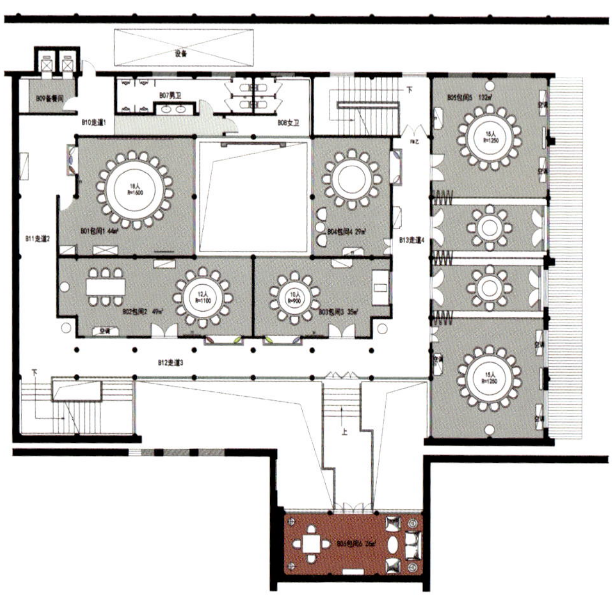

二层平面布置图

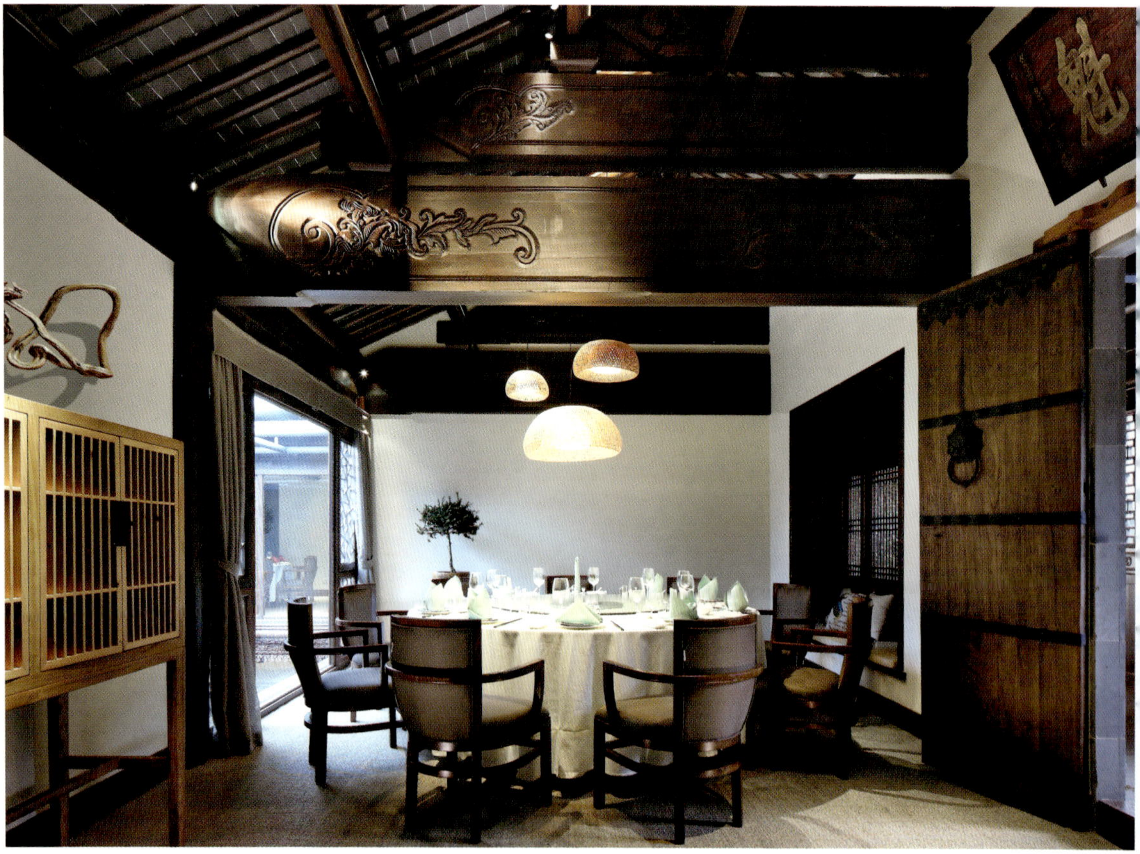

039/海寿司

项目名称：海寿司
项目地点：台湾台北市
项目面积：165平方米
主案设计：杨竣淞

当潮流不再年轻，风格的再上一层追求，是一种返璞归真的质感。对空间而言，质感，是带有情感认同的舒适与自在。质感能够成立在任何形式之上，甚至不具特定风格，然而，它令人念念不忘，并且向往身处其间。

海寿司，经过逐年的发展，已经建立起自己鲜明的时尚餐饮形象。然而，就像每一个曾经总是在潮流尖端的时尚达人最终都会化繁为简、回归本质一般，以内湖店为一个转折点，我们想透过崭新的餐饮空间，将海寿司的本质——包括食材、滋味和经营之道等最原始的初衷——重新传达给来店的客人。于是，我们将这个店面想像为大海上一艘灯火通明的渔船，它有自己的航道、不曾迷失，那个引导返港的方向，就是海寿司的初心：用和谐简约的调理，去尊重、品味、珍惜来自土地与海洋恩赐的食材。

这个故事的主角、也是店内的灵魂所在，回转台，是那艘海上夜捕的渔船，灯火通明、勇往直前、充满生命力。制作上，首先是以木皮作为整体质感的基底，这种非常直接而传统的日本风格元素，淡而隽永。在这样的底色之上，第二层，我们使用一种不抢眼却仍有存在感的日式传统蓝白图纹，铺满空间的前区，创造出一种对立却不突兀的视觉。

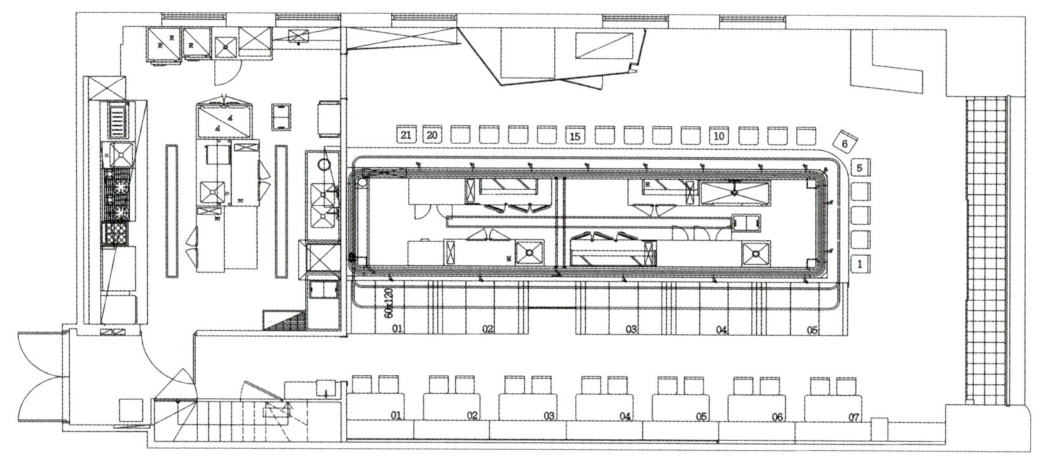

平面布置图

040/ 巴蜀红运火锅餐厅

项目名称：巴蜀红运火锅餐厅
项目地点：福建省福州市鼓楼区北环中路30号体育中心旁
项目面积：1200平方米
主案设计：吴少余

本项目性质是正宗的川味火锅，定位为地道川式建筑风格，本案建筑的难点是要在厂房式的钢构基础框架上做古建筑建构。传承古典建筑基础上，追求纯正的基础上进行创新。

一层利用建筑的下沉洼地建造大厅首层用餐区，利用五米层高建二层大堂回廊，从而形成中庭挑空，三层空间则为包间集中区域。整个项目已经超越了室内设计层面，而更多的是空间建筑的创作。

本案施工执行十分重视可持续环保概念，80%材料是回收拆迁房古建筑材料，如原木立柱、旧墙砖、旧瓦砖片，窗框是旧窗修复或拼装而成。化整为零的再创造，同时又保持了传统建筑的神韵。

26915
1200
280
5950
5500
170
4865
4210
4740
底层散座北区
前厅过道
舞台
中央座位区
底层散座东区
厨房专业设计
女卫
男卫
底层散座南区
3830
2480
2800
5345
19955
5400
3810
1000
16770
3640
4090
2010
6575
3915
13815

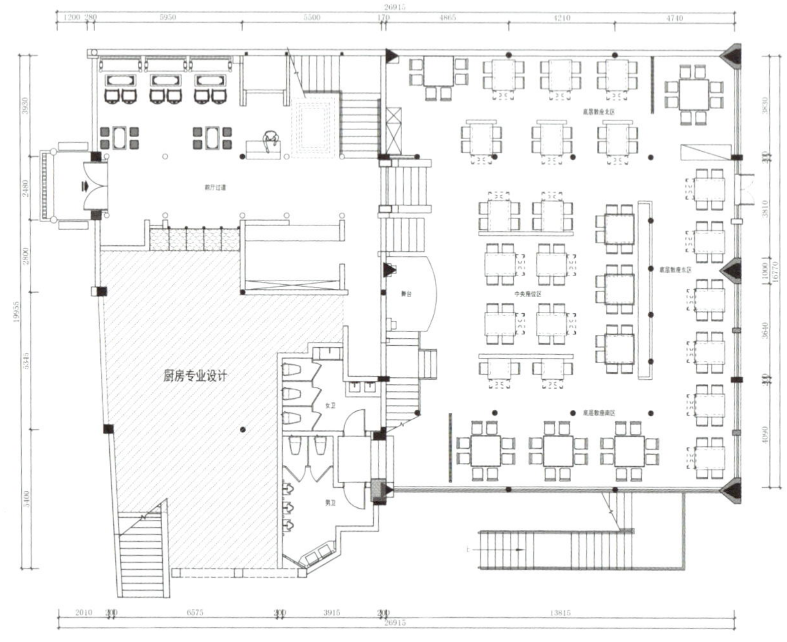

平面布置图

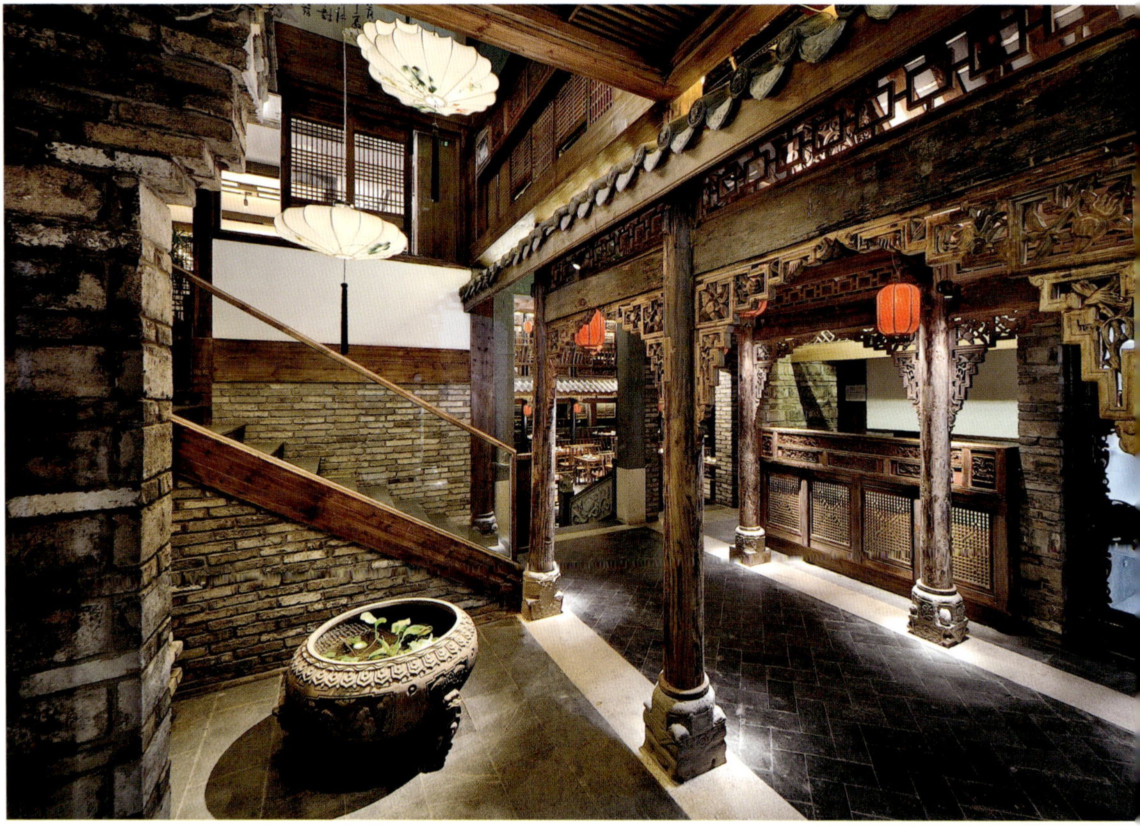

041/ *THOSE YEARS*

项目名称：THOSE YEARS
项目地点：江西省南昌市高新五路
项目面积：2250平方米
主案设计：王晚成

民以食为天,餐馆的文化也是历史悠久，本案以陶渊明先生所述《桃花源记》的场景，“初极狭，才通人。复行数十步，豁然开朗”。

透过幽静小道墙面的瓦片窗，马头墙让人穿越到安徽的古老小镇，小桥流水让我们沉浸在归真的自然之中。穿过古朴毫不浮夸的石桥，点菜厅里两列整齐排列的系马栓端庄霸气震慑人心。餐厅区的花格门、古砖青瓦带领我们体验古时盛宴的优雅。墙上古人的诗句让人身临其境感慨万千，餐饮区虽充满沧桑，但特设的极具趣味性的鹿头龙袍以及仿生壁挂又让*THOSE YEARS*不失现代的俏皮活泼。

餐厅和厨房是一个很重要的两个空间，它们之间的联系和沟通是可以把我们的服务做好的一个重要因素，本案对空间的规划和交通流线的规划也是思索万千，把一个空间的功能和造型联系起来互相呼应，也是一个亮点。

料工艺方面也是很重要的，它直接影响到甲方的施工造价，这将会落到消费者手中，所以我们不停的琢磨、研究，用最低廉的材料，和灵活的工艺，创造出大气的空间，设计就是为了方便、大方，与人方便就是给自己方便。

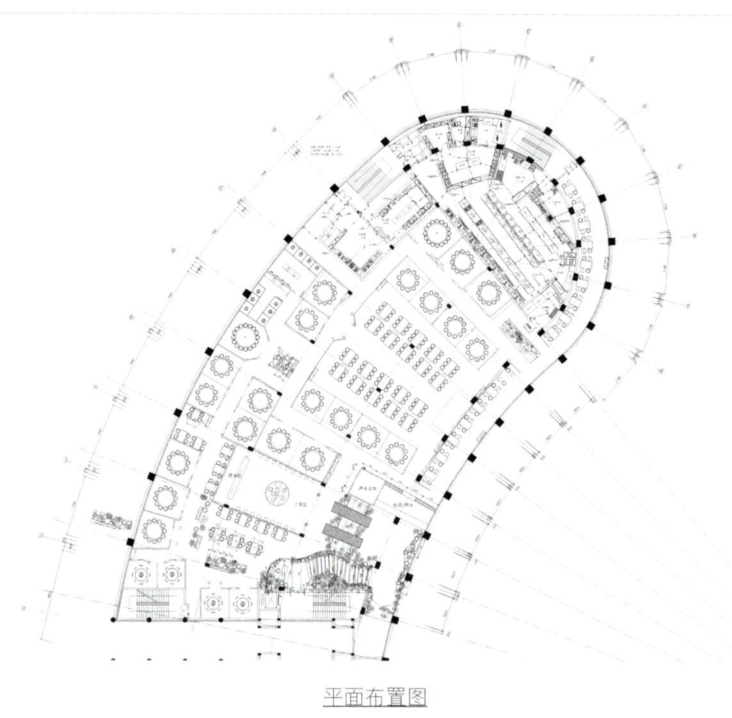

平面布置图

042/ 山城一锅

项目名称：山城一锅
项目地点：上海市杨浦区
项目面积：400平方米
主案设计：范日桥

本案脱离了“标准火锅店”的概念化模式，实现了设计感、场景感、文化、品质感的融合表现。

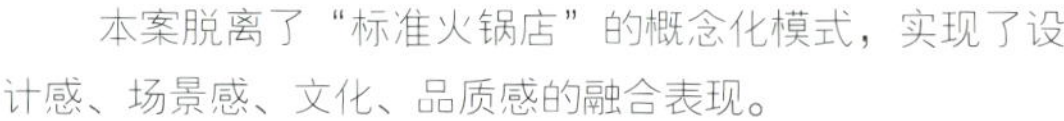

项目在色彩使用、食材场景、“锅”意向及格、架构成，综合出热闹祥和喜气的内心环境代入感。因势而就，通过疏密、曲转的恰当，在创造生动场景趣味基础上，令空间利用率得到最大化实现。钢架的大量采用，呈现出工业风的粗狂野性，与业态的“重”属性获得视觉与心理的逻辑吻合。

“火锅店也这么动心思！”这样的消费者评语中，五角场一代的时尚一族络绎不绝，呈“传染”式激增。

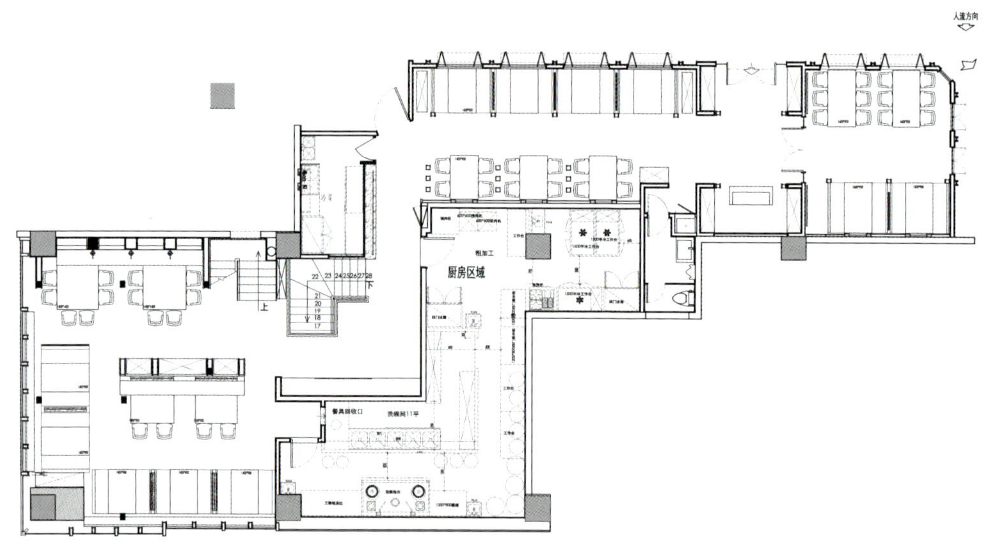

平面布置图

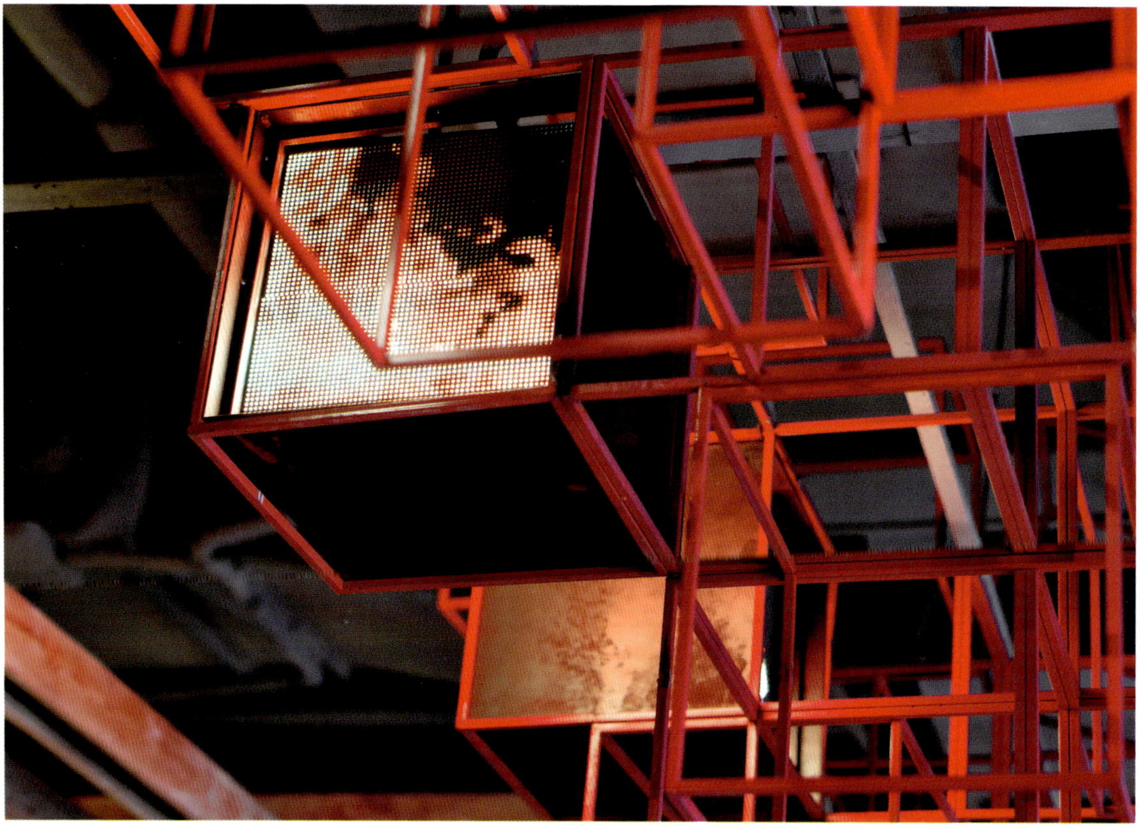

山城一鍋
麻辣鮮香
火火火
重慶

A18